처음부터 제대로 시작하는
우리 아이 돈교육

처음부터 제대로 시작하는

우리 아이 돈교육

한남동 지음

들어가는 말

아이에게 가난을 물려주지 마세요

흙수저와 금수저, 아빠 찬스, 엄마 찬스라는 말이 매스컴에 종종 등장한다. 부모로부터 물려받는 재산이나 사회적 기회가 있는 사람과 없는 사람의 격차가 갈수록 심해지는 사회다.

하지만, 돈을 물려주는 것보다 더 좋은 건, 돈을 가르쳐 주는 것이다. 물려받은 돈은 금방 없어지지만 이루어낸 돈은 영원히 남기 때문이다.

돈을 다룰 줄 모르고 그저 부모로부터 물려받은 사람은 돈의 가치를 모른다. 처음부터 노력 없이 주어졌기에 돈이 늘 그 자리에 있을 것이라고 생각한다. 돈을 가볍게 대하고, 소중히 여기지 않는다. 돈을 모르기 때문에 운용하기 보다는 쓰는 데 집중한다. 그러다 보니 돈은 한순간 사라져 버리기도 하고 돈으로 오히려 인생을 망치기도 한다.

한순간 날아가지 않는 단단한 부를 쌓으려면 어려서부터 돈을 가르쳐야 한다. 부모가 힘들고 가난한 삶을 살아갈지라도 지금 아이에게 필요한 건 학원에 보내는 것이 아니다. 시험 성적을 올리기 위한 투자가 아니라 돈을 가르쳐 주는 것이다.

돈을 아는 아이가 되어야 하고, 돈을 바르게 쓰는 아이가 되어야 한다. 미래의 성공과 안정적인 삶을 위해 아이에게 필요한 것은 돈에 관한 지혜로운 생각과 성실한 행동이다.

좋은 대학 나오고 성실하게 살아온 아빠는 월급을 꼬박꼬박 저축하며 알뜰살뜰 살지만 삶이 여유롭지 못하다. 치솟는 물가에 자녀 학자금에, 나이가 들어 은퇴를 고려해야할 시기가 와도 노후자금 마련은 꿈도 꾸기 어렵다.

반면 일찍부터 돈을 투자하며 운용해온 아빠는 월급 이외의 자금으로 여유를 누릴 수 있다. '돈만 아는 몰염치한 인격'의 소유자라고 비난할 것인가? 결국 돈에서 자유하며 여유있는 삶을 살아갈 수 있는 것은 가난한 아빠가 아니라 부자 아빠이다.

그럼 부자 아빠는 어떻게 될 수 있는가?

어린이가 자라서 어른이 된다. 부자 아빠가 되기 전에 먼저 부자 어린이가 되어야 하는 것이다.

부자 어린이가 부자 아빠가 된다.

부자 어린이와 가난한 어린이, 그 차이점은?

부자 어린이는 부모로부터 경제 교육을 받았다.

가난한 부모는 아이에게 학습지를 사주고, 용돈을 주는 것으로 만족한다. 아이는 부모로부터 받는 돈을 당연하게 생각하고, 돈을 벌기 시작하면 부모에게 효도하겠다고 생각한다. 참으로 느긋한 시간관념이다.

아이가 자라서 돈을 벌기 시작할 때까지 아이는 아무런 경제 교육도 받지 못했다. 부모처럼 월급을 받아 아껴쓰는 것만이 그가 아는 유일한 경제 지식이었다.

아이의 미래는 어떻게 될까?

경제 교육은 돈 아끼는 방법을 가르치는 게 아니라 돈 버는 방법을 알려주는 것이다. 돈을 쓰거나 안 쓰거나 '돈을 벌어야 가능한 일'이기 때문이다. 돈을 못 버는데, 안 쓸 돈이 어디 있겠는가? 못 쓸 뿐이지.

요즘은 젊은이들이 투자를 많이 한다. 주식과 가상화폐에 '영끌(영혼까지 끌어온다는 뜻으로 과도하게 빚을 내서 투자하는 경우에 쓰임)'해서 투자했다가 파산하는 청년들이 많이 나타나기도 한다.

과도하게 빚을 내서 투자하는 것도 돈을 공부하지 못한 결과이다. 투자의 결과로 경제가 파탄나는 것도 경제 교육을 제대로 받지 못한 상태로 투자에 나섰기 때문이다. 성인이 될 때까지 경제 교육을 받지 못했던 아이가 취업을 하고 주변에 휩쓸려 허둥지둥 돈을 투자하다보니 파산의 지경에 이르는 경우이다.

경제 교육은 투기가 아닌 투자를 하는 법을 가르치는 것이다. 자신의 경제 상황과 여건 속에서 과도한 욕심을 내지 않고 안전하게 투자하는 법을 가르쳐주는 것이다. 어려서부터 돈을 가르쳐야 하는 이유이다.

아이에게 돈을 줄 때는 항상 양손에 돈과 그 돈으로 할 수 있는 것들을 비교해주는 습관을 기르자.

가령, 아이에게 1,000원을 준다고 할 때, 한 손엔 1천 원 지폐를 쥐어주고, 다른 손엔 돈의 가치를 쥐어준다.

"이 돈으로 네가 컴퓨터 1시간을 할 수 있고, 네가 가고 싶은 곳을 갈 수 있는 지하철 차비도 된단다."

아이가 합리적이고 올바른 선택을 하도록 돕는 것이 부모의 역할이다.

부자 어린이와 가난한 어린이의 차이점. 그 차이는 부모와 아이의 경제에 대한 대화 내용에서 비롯된다. 아이에게 쥐어주는 용돈 1만 원으로도 훌륭한 경제 교육을 할 수 있다. 아이의 미래는 영어 몇 줄 더 외우기보다 부모로부터 배우는 '돈 관리'에 달려있다.

돈은 나쁜 게 아니다.

아이에게 이제부터라도 돈을 가르치자. 돈을 알아야 공부에 흥미가 생기고, 자신의 꿈에 대해 해야 할 일, 준비할 일을 생각하기 시작한다. 돈을 모르는 아이는 돈에게 이용당하기 쉽고, 돈을 아는 아이는 어른이 되어 돈을 부릴 줄 알게 된다.

돈은 '맛'이 아니라 '멋'이다.

태권도 학원, 영어 학원, 수학 학원, 피아노 학원에 다니기 바쁜 아이들은 얼마 지나지 않아 배웠던 기술을 잊어버린다. 고학년이 될수록 오로지 수능시험을 준비하기에 바빠진다. 학원 생활에 익숙한 아이들이 자라나서 할 일은 학원 선생님이 되는 일 뿐이다.

공부만 하며 부모만을 바라보고 자란 아이는 부모만큼만 성공한다. 이제 더 이상 아이들에게 부모의 길을 따라오라고 강요하지 말자. 부모가 살던 시대와 아이들이 살아갈 시대가 다르다.

아이들의 미래는 아이들 스스로 준비할 수 있다. 사이버머니, 사이버캐시, 마일리지, QR코드, 문화상품권, 교통카드, RFID 카드결제가 익숙한 아이들이다. 아이들은 어느새 온라인상에서 가상의 게임 아이템을 다른 사람들과 사고팔며 경제를 익히고 있다. 가상화폐, NFT, 메타버스는 새로운 경제활동의 도구로 떠오르고 있다.

돈을 가르치지 않으면 10년 후 아이들에게 남는 건 아무 것도 없다. 아이들에게 돈을 가르치면 청소년 시절 온라인상에서 거래했던 금융 활동 경험을 기반으로 온라인상에서 금융투자가 가능하게 된다.

채권, 주식, 펀드를 기반으로 모든 온라인금융상품 투자자가 된다. 돈의 멋을 아는 사람이 된다. 아이들에게 이제부터라도 돈의 멋을 가르쳐야 한다.

『우리 아이 돈교육』은 아이들에게 친구 같은 존재인 돈에 대해 알려준다. 친구를 사귀듯 돈과 새롭게 '사귀는 방법'을 알려주는 책이다.

좋은 친구는 스스로 아이들 곁에 남지만, 돈은 내가 어떻게 관리하는지에 따라 남기도 하고, 떠나기도 한다는 것을 아이들에게 알려준다. 또한, 돈이 친구를 만드는 건 아니고, 친구가 돈을 만든다는 점도 알려준다. 돈이 많은 사람이 좋은 친구를 갖는 게 아니라 좋은 친구를 많이 가진 사람이 좋은 돈을 만난다는 이치도 알려준다. 아이들이 친구를 사귈 때 생각해야할 점도 스스로 깨닫게 해준다.

『우리 아이 돈교육』은 부모님과 아이가 함께 읽을 수 있는 경제 교육 도서이다. 내 아이에게 올바른 경제 교육을 시키고 싶지만 무엇을 어떻게 가르쳐줘야 할지 막막한 부모님들이 있다. 그동안 성실한 회사원으로 살아왔을 뿐, 투자에는 관심도 경험도 없는 경우이다. 주식이나 채권, 펀드에 대해 알지 못하니 아이에게 설명해 줄 수도 없는 부모님들.

이 책은 부모가 먼저 읽고, 아이에게 읽어주면서 함께 돈에 대해 공부할 수 있도록 구성되었다.

Part A에서는 용돈을 받기 시작하는 아이에게 가르쳐야 할 돈의 개념과 올바른 사용에 대해 설명되어 있다. 아이들이 알아야 할 돈에 대한 바른 태도와 개념, 그리고 용돈 관리법에 대해 가르쳐줄 수 있다. 아빠 혹은 엄마가 아이에게 들려주는 사랑스런 대화체로 쓰여있어서, 부모님이 하루에 하나씩 그대로 들려주기만 해도 좋다. 읽고 아이와 이야기를 나눠보면 더 좋고, 가정의 상황에 맞게 적용해볼 수도 있다.

Part B에서는 실제적인 돈 공부가 시작된다. 금융상품, 주식, 채권, 펀드 등에 관한 지식들이 알기 쉽게 설명되어 있다. 소설적인 기법으로 아빠와 아들의 대화가 펼쳐지기 때문에 복잡한 경제 용어들이 재미있고 쉽게 이해된다. 부모님이 먼저 읽고 이해한 다음 아이들에게 개념을 설명해주면 좋다.

아이들에게 필요한 돈 공부. 그러나 아이 혼자서 책을 읽으며 공부할 수는 없다. 주식, 채권, 펀드 등에 대한 개념들은 아이들이 이해하기 어려울 뿐 아니라 더 중요한 것은 돈을 대하는 태도와 올바른 사용법을 아는 것이기 때문이다. 그 올바른 가치는 부모가 설명해주고 심어주어야 한다.

이 책은 부모가 먼저 읽고 아이와 경제 교육을 함께할 수 있다는 장점이 있다. 아이의 경제 교육을 어떻게 해줘야 할지 모르는 부모님들이 먼저 공부하고 자녀에게 가르쳐줄 수 있는 우리 아이를 위한 올바른 경제 교육 지침서이다. 아이의 미래를 위해 지금 첫 경제 교육을 시작하기 바란다.

목차

제2부
돈은 아름답고 소중하지만 때로는 나쁜 친구처럼 멀리해야할 때도 있다

제3부
돈은 너의 손도 되고 발도 되고 날개도 만들어 준다

Part B.
채권/주식/펀드 & 암호화폐와 NFT

제1부 Hello, MONEY!

제2부 Good morning, 채권(bond)!

제3부 Hi, 주식(stock/share)!

제4부 How are you, 펀드(fund)!

제5부 Welcome, 암호화폐(Cripto Currency) & NFT!

Part A.

우리 아이
용돈관리 기술

제1부

네가
돈을 지배하지 못하면
돈이 너를 지배한다

용돈일기는 어떻게 쓰나요?

용돈 일기란 하루하루 네가 용돈 쓴 곳을 기록하는 걸 말해. 우선, 엄마와 아빠가 네게 용돈을 주면서 같이 주는 '용돈명세서'에 대해 이야기 해보자.

처음 들어보는 말이라고?

하긴, 용돈명세서란 이름이 익숙하진 않을 거야. 하지만, 우린 이미 용돈명세서에 대해 알고 있단다. 월급명세서란 것과 비슷한 거야.

아빠가 회사에서 한 달 동안 열심히 일하고 받는 '월급'이란 걸 알지? 아빠가 우리 가족을 위해 열심히 일한 대가로 회사로부터 받는 소중한 돈이란다. 아빠가 받는 월급으로 우리 가족이 생활하고, 너희들이 학교에 다니기도 하고, 옷도 사 입고, 음식도 사서 먹을 수 있는 거란다.

아빠는 회사로부터 직접 돈을 받아 들고 오시는 게 아니라 '월급명세서'란 걸 받아서 갖고 오셨지? 거실에서 엄마 아빠가 보는 종이를 본 네가 조르고 졸라서 보여 달라고 했던 거 말야. 하지만, 처음 보는 어려운 말이 쓰인 월급명세서를 본 네가 금세 관심이 없어졌는지 나중엔 보여 달라고 하지도 않더구나.

회사에서 일하고 받는 월급명세서에는 여러 가지 내용이 들어있단다. '한 달 동안 회사를 위해 열심히 일해주셔서 감사합니다'란 글과 함께 아빠가 받는 돈의 전체 금액이 적혀있고 그 돈에서 미리 내야하는 세금이란 것에 대해서도 적혀있지.

세금이 뭐냐고?

세금이란 우리나라를 위해서 국민으로서 내야 하는 돈이라고 생각하면 이해가 쉽단다. 나라를 위해 일하는 공무원들의 월급도 우리가 내는 세금으로 주는 것이지. 나라에서는 국민들이 내는 세금을 모아서 학교도 짓고, 길도 만들고, 군인 아저씨들의 월급도 주고, 나라를 지키는데 필요한 비행기를 사기도 하지. 이처럼 우리가 내는 세금으로 나라를 위해 필요한 곳에 쓰는 것이지.

자, 용돈명세서와 같은 뜻의 월급명세서가 이해되겠니?

아빠가 한 달 동안 열심히 일하시고 받는 월급의 총액에서 세금으로 나가는 돈을 제하고 실제로 받는 액수 등의 내용을 자세히 적어 놓은 게 바로 월급명세서란다.

이와 마찬가지로, 용돈명세서란 네가 아빠와 엄마로부터 받는 용돈의 전체 금액을 적고, 용돈에서 네가 얼마를 쓰는지 적어두는 거란다.

참, 처음에 용돈을 주려면 그냥 정해진 돈을 다 주는 걸로 아는데, 왜 네 용돈에서 얼마를 빼고 주는지 궁금할 수도 있겠지. 그래서 월급명세서를 설명해줬어. 아빠가 받는 월급도 나라에 필요한 세금을 미리 빼고 주듯이 네가 받는 용돈도 우리 가정에 필요한 돈을 빼고 주려고 한단다.

가령, 예를 들면, 네가 집에서 컴퓨터 게임을 할 때 쓰는 전기료 같은 비용 등인데, 그 돈은 우리 가족으로서 너도 쓰는 만큼 네 돈으로 써야하고, 네가 당연히 참여해야할 부분이기도 하지.

사랑하는 아이야, 용돈명세서를 받아든 네가 그 내용을 한참 보더니 아빠 엄마에게 "용돈이 많았으면 좋겠어요"라고 말했지.

용돈이 많았으면 좋겠다는 네 말을 듣고 엄마 아빠는 미소를 지었지?

용돈이 부족하다고 느끼는 네 마음을 이해할 수 있어. 왜냐하면 돈은 이상하게도 항상 부족하게 느껴지거든. 돈이 많은 사람도, 돈이 적은 사람도 다 돈이 부족하다고 생각한단다.

참 이상하지? 늘 부족하게 느껴지는 게 바로 돈이란다.

하지만 돈을 어떻게 관리하느냐에 따라 같은 돈을 갖고도 넉넉하게 쓸 수 있고, 부족하게 느낄 수도 있단다. 그래서 이번에 '용돈명세서'에 대해 설명해주려고 하는 거야.

돈? 도망 못 가게 용돈명세서로 잡아라!

네게 처음으로 용돈을 주던 날이 생각나는구나. 소중한 돈의 가치를 잘 모르는 너의 행동을 본 것 같아서 우리 함께 이야기했었지. 돈을 아무렇게나 올려두면 돈이 멀리 도망간다고 알려줬을 거야.

돈은 사랑 받기 원하는 마음이 있어서 자기를 소중히 생각해주는 사람에게 더 오래, 더 많이 머물려고 한다는 이야기 기억나니?

엄마 아빠가 너를 사랑하는 마음은 너에 대해 관심을 갖고 지켜보는 거란다. 네가 부족한 게 있다면 채워주려고 하고, 네게 필요한 책이라면 구해주려고 하는 것도 엄마 아빠가 너를 사랑하는 마음에서 비롯된 거야. 네가 어디 아픈 덴 없는지 걱정해주고,

감기에 걸리면 병원에 데려가서 약을 먹이고 하는 것도 모두 너를 사랑하기 때문에 가능한 거란다.

돈을 사랑하고 아껴주려면 어떻게 해야 할까?

돈은 네가 하고 싶은 일을 하게 해주고, 네가 배우고 싶은 책을 살 수도 있게 해주는 고마운 존재란다. 너에게 도움 되는 돈인데 네가 사랑해주고 아껴주면 돈도 너를 좋아하게 되고 더 오래 너랑 있으려고 할 거야. 엄마 아빠가 너를 사랑하듯 너도 돈을 아껴줘 보렴.

용돈일기를 쓰고 싶다고?

용돈일기는 직접 쓰는 게 좋단다. 엄마 아빠가 주는 용돈에 대해 네가 받는 돈과 비용으로 쓰는 돈을 적는 '용돈명세서'도 있지만, 네가 스스로 적는 '용돈일기'는 네가 가진 돈과 쓰는 돈을 적으면 된다.

이야기만 하면 잘 이해가 안 되지? 이해를 쉽게 하기 위해 매일매일 쓰는 용돈일기를 어떻게 적으면 되는지 아래 그림을 보자.

(　　　)월 용돈기록장

날짜	써야할 돈	필요한 돈	금액
월 일			
월 일			
월 일			
지출 합계			

용돈관리부 또는 용돈기록장이라고 불러도 된단다. 용돈 일기와 같은 말인데, 용돈을 하루하루 어디에 썼고, 다음 날은 얼마의 용돈이 어디에 필요한지 미리 기록해두는 곳이란다.

용돈기록장을 쓰면 용돈을 불필요한 곳에는 충동적으로 쓰지 않을 수 있다는 장점이 있어. 사람들이 계획을 세우고 생활한다지만 이따금 계획에 없던 일을 벌이곤 하지. 하지만 돈만큼은 항상 계획에 따라서 쓰는 버릇을 가져야 한단다. 안 그러면 돈이 반드시 필요할 때 쓸 돈이 없다는 고통스러운 상황이 생길지 모르니까.

오늘부터라도 하루하루 용돈일기를 써보면서 네가 쓰는 돈을 기록해보렴. 계획에 따라 쓴 돈과 계획에 없었는데 갑자기 쓸 곳이 생겨서 쓴 돈을 비교해보면서 돈 쓰는 방법을 배울 수 있단다.

매월 용돈에서 세금은 왜 빼나요?

"용돈에서 세금 안 빼고 주시면 안 되나요?"

용돈명세서를 들고 한참 들여다보던 네가 엄마 아빠에게 꺼낸 세금 이야기를 해보자꾸나. 너뿐만 아니라 어른들도 세금에 대해선 이런저런 불만을 이야기하는 사람이 많단다. 생각해보면, 내가 가진 돈이 어디론가 없어지는 거니까 아까운 생각이 들 수 있지. 또 그 돈이 어디에 어떻게 쓰이는지도 모르니까 마치 내 돈을 빼앗기는 것 같은 느낌이 들 수도 있어.

세금은 도대체 뭘까?

세금이란 나라에서 모든 국민들에게 거두는 돈이나 노동력을 말한단다. 특정 개인을 위해 거두는 게 아니라 국민 전체를 위해, 특정한 목적을 근거로 거두는 것이란다. 가령, 국민을 교육시킬

학교를 세우고, 차가 다닐 도로를 만들고, 나라를 지킬 군인을 훈련시키는 등의 모든 일이 세금으로 이뤄진단다.

우리가 한국에서 태어났고 살고 있다면 한국에서 일을 하게 되고, 돈을 벌게 되겠지? 그렇다면, 우리가 번 돈의 일부를 정해진 비율에 따라 나라에 되돌려 주게 되는 것인데 그게 바로 세금인 것이지. 우리나라에서 돈을 벌었으니 일정한 돈을 우리나라에 주는 것은 당연한 일이겠지? 만약, 우리나라가 없다면, 우리가 돈을 벌 수 없었을 테니까 돈을 벌게 해준 나라를 위해 우리가 내는 돈으로 이해하면 된단다.

세금을 안 내는 사람이 있을까?

우리나라는 대통령이라고 하더라도 나라에 세금을 낸단다. 국민이라면 누구나 내는 '주민세'라는 것도 있고, '돈을 번다'는 걸 '소득을 올린다'라고도 하는데, 돈을 벌게 되면 그에 대한 세금으로 '소득세'를 내기도 하지. 한 마디로 세금을 안 내는 사람은 없단다. 각 회사들도 나라에 세금을 내니까 말이지.

세금을 안 내면 어떻게 될까?

나라를 위해 일하는 공무원들도 월급을 못 받으니 일을 안 할 거야. 게다가, 돈 없는 정부는 학교도 만들지 못하고, 길도 만들지 못하니 차도 다니지 못할 것이고, 학교가 없으니, 사람들은 공부도 못할 거야.

물론, 돈 많은 사람이 학교도 만들고, 길도 만들 수 있지. 그러나 그건 나라를 위해 한 행동이 아니잖니? 결국, 그 사람들은 자기가 만든 학교나 길을 이용하려는 사람들에게 이용 요금을 받겠지. 그것도 아주 비싸게 받을 거야.

왜냐하면 그들은 자기 개인의 이익을 위해서 학교와 길을 만들었으니까 말이야. 사람들은 비싼 돈을 주고 그 시설을 이용해야만 하는 거란다.

나라에서 세금으로 학교와 길을 만들면 어떨까? 이익을 남기지 않아도 되니까 국민들이 무상으로 이용하거나 매우 적은 비용만으로 이용할 수 있겠지. 결국 우리가 낸 세금은 다시 우리에게 돌아오는 셈이 된단다.

옛날에 왕이 있을 때는 국민들이 왕에게 세금을 냈단다. 왕은 그 세금으로 나라를 지키는데 썼지. 범죄를 저지르는 사람들을 잡아서 감옥에 가두거나 다른 나라로부터 나라를 지키는데 필요한 군인을 훈련시키기도 했지. 왕이 나라를 지켜주니까 사람들은 안심하고 일을 할 수 있었고, 학교에 다닐 수도 있고, 결혼도 하고, 여행도 갈 수 있었지.

세금이란 이렇게 나라를 위해 우리 모두를 위한 곳에 쓰이는 돈이란다.

세금으로 정치인을 뽑아 세금을 잘 쓰도록 감시하는 일도 해

세금은 정치인을 우리 손으로 뽑고 나라를 위해 일하게 하는 데에도 사용되지.

우리 지역을 대표해서 정치 하는 사람들을 국회의원이라고 한단다. 각 지역에서 사람들이 믿을 수 있는 대표를 뽑아서 정치를 맡기게 되는 거란다. 그 대표자는 자기를 뽑아준 사람들을 위해 거짓 없는 정치를 해야 하고, 자기 자신보다는 여러 사람을 위해 일을 하는 사람이란다.

우리나라는 4년에 한 번씩 국회의원을 뽑는 선거를 한단다. 다른 사람을 위해 정치를 하려는 어른이라면 누구나 국회의원 후보가 될 수 있어. 많은 사람들 앞에서 자기 자신을 소개하고, 정치를 할 때 어떻게 일하겠다는 약속을 하면 사람들이 그 공약을 듣고 투표를 해주게 되지. 그 결과, 표를 가장 많이 받은 사람이 국회의원에 당선되는 거야.

국회의원은 국회의사당에서 매년 국민을 위한 법을 만들고, 나라의 돈을 심사하고 계획하고 사용하게 된다. 결국, 우리가 내는 세금은 우리를 위해 사용하는 셈이 되는 거란다.

“그럼, 나라와 나라 사이에는 세금이 없나요?”

모든 나라는 각자 독립된 국가이기 때문에 어느 나라가 다른 나라에게 반드시 줘야할 세금이란 것은 없단다. 그렇지만 두 나라가 있다고 생각해볼 때, 한 나라는 가난하고, 다른 나라는 부자라면 어떻게 될까?

가난한 나라가 써야할 돈이 있는데, 돈이 없다면 부자 나라에게 가서 돈을 빌려달라고 해야겠지? 가난한 나라에서도 국민에게 교육을 시켜야 하는데 학교를 지을 돈이 없다면 부자 나라에게 돈을 빌려달라고 해야 할 거야.

이 경우, 부자 나라는 가난한 나라에게 돈을 빌려주는 대신 이자를 달라고 하겠지. 부자 나라는 가난한 나라에게 돈을 빌려주고 이자를 받다가 나중에 빌려준 돈도 돌려받을 테니까 점점 더 돈이 많아지는 큰 부자가 되겠지.

2010년 전후로 미국의 경제가 어려워지자 세계 다른 나라들도 다 같이 어려워진 적이 있단다. 미국은 이 무렵에도 세계의 가장 큰 소비 국가였단다. ‘소비국가’란 다른 나라의 상품을 사주는 손님의 역할을 했다는 뜻인데, 세계 각 나라는 미국으로 자기 나라의 물건을 수출하고, 돈을 벌어서 자기 나라에 투자를 했단다.

다른 나라 입장에서 보면, 미국은 좋은 손님이었는데, 어느 날

갑자기 그 손님이 지갑에 돈이 줄어든 거야. 미국이란 손님이 돈이 없으니 다른 나라들도 장사를 할 수 없고, 결국, 물건을 사주는 손님이 적어지니 돈을 많이 벌지 못하게 된 거야. 다른 나라들도 같이 어려워질 수밖에 없었지.

세금은 결국 국민 자신을 위해 쓰이는 돈이야

그럼, 미국은 어떻게 해야 되었을까? 세금을 낼 국민들이 돈이 없으니 세금을 못 내겠지? 국민이 돈을 벌고 세금을 내야 나라도 부자가 되잖아.

결국, 미국으로선 그동안 세금으로 거둬들인 돈의 일부를 국민들에게 줘서 국민들이 일할 수 있도록, 돈을 벌 수 있도록 해야 했어. 국민이 있어야 나라도 있는 건데, 국민을 돈을 벌게 해야 세금도 거둘 수 있다는 이치였어.

미국 정치인들은 그래서 국민들에게 돈을 풀 방법을 연구하기 시작했고, 국민을 위한 다양한 정치를 했는데, 미국 국민으로선 그동안 세금을 냈기 때문에 이런 결과를 얻을 수도 있었던 것이야.

결국, 국민이 내는 세금은 국민 자신을 위한 일에 쓰이는 돈이라는 사실을 알 수 있단다.

저축 먼저 하고 남은 돈이 용돈이라고요?

"어디 가니?"

"마트에 다녀올게요. 사려고 봐둔 물건이 있어요."

며칠 전이었구나. 너는 용돈을 받자마자 용돈 봉투 안에 같이 들어있던 용돈명세서를 꺼내 책상 서랍에 넣고는 돈만 들고 부리나케 나가더구나. 어디 가냐고 물어보니, 오래 전부터 사려고 봐둔 물건을 당장 사러 간다고 했어.

받은 용돈으로 사려고 생각해두었던 물건을 사는 것도 좋지만, 용돈을 받으면 가장 먼저 해야 할 일이 무엇인지 서두르지 말고 천천히 생각해볼 필요가 있단다.

다시 말해두지만, 내 돈으로 내가 사고 싶은 물건을 먼저 사는 게 무조건 나쁘다는 건 아니란다. 하지만, 돈이란 내 손에서 한 번 나가면 다시 들어온다는 약속을 할 수 없는 거라서 내가 써야 할 곳을 생각했더라도 다시 한 번 더, 두 번 더 생각해보고 쓰는 습관을 갖는 게 좋아.

용돈을 들고 가게에 다녀온 네가 사 온 물건을 보니, TV 어린이방송에 나왔던 장난감이더구나. 그걸 들고 즐거워하던 네 모습을 보니 엄마 아빠도 기분이 좋아졌어. 돈이 주는 좋은 점 가운데 사고 싶은 물건을 사고 얻는 즐거움도 중요한 부분이거든. 네가 즐거워하는 모습을 보는 것도 엄마 아빠에겐 큰 기쁨이었지.

그런데, 적지 않은 돈을 주고 사 온 장난감인데, 얼마 지나지 않아 네 방에 다른 장난감이 있는 걸 보고 엄마 아빠가 많이 놀랐단다. 며칠을 기다려서 꼭 사고 싶다던 장난감을 손에 넣은 지 얼마 지나지 않아서 또 다른 장난감을 갖고 있는 널 보면서 무슨 말을 먼저 꺼내야 할까 망설였단다.

"사고 싶은 물건 먼저 사고, 쓰고 싶은 돈 먼저 쓰고 남는 돈을 저금 할래요. 용돈 계획을 그렇게 세웠어요."

장난감을 사러 가면서 네가 한 말이 기억난다. 너는 용돈을 받으면 먼저 사고 싶은 것 사고, 쓰고 싶은 데 쓰고 남은 돈을 저금하겠다고 했는데, 엄마 아빠는 다르게 말했지. 용돈을 받은 후 쓰는 순서는 사고 싶은 물건을 먼저 사고, 쓰고 남은 돈을 저금하는 게 아니라 먼저 저금하고 남은 돈을 쓰는 거라고 얘기해주었지.

"저금 먼저 하면 사고 싶은 물건을 못 사잖아요."

사랑하는 아이야, 돈을 쓰고 남은 돈만 저금한다면 어떤 일이 벌어질까? 같이 생각해 보자. 그리고 저금을 먼저 하고 남은 돈을 쓸 경우의 좋은 점도 알아보자.

먼저, 용돈을 받는 날에 대해 생각해볼까?

용돈은 한 달에 한 번, 정해진 날이 되어야 가질 수 있는 돈이란다. 그 돈이 천 원이건 만 원이건 정해진 날이 되어야만 받을 수 있는 돈이지. 정해진 돈이란 뜻과도 같다.

한 달에 한 번 정해진 날에 돈을 받으면 다음에 돈을 받기까지 또 한 달이란 시간이 필요하지. 지금 사고 싶은 물건이 있는데, 돈이 없다면, 용돈이 생기는 날까지 기다려야만 한다는 거야.

문제가 없을까?

용돈은 과연 한 달 후에 정확하게 네 손에 들어올까?

오늘 용돈을 받고 다음 용돈을 받을 때까지 한 달을 기다린다고 해도 반드시 오늘 받은 용돈과 같은 돈을 다음에도 또 받는다고 확신할 수 없어.

왜 그런지 아니?

회사에 다니며 월급을 받는다고 생각해보자. 한 달 사이에 회사가 어렵게 될 수도 있다는 거야. 그렇게 되면 회사가 직원들에게 월급을 못 주는 일도 생긴단다. 매월 받는 돈이 월급이지만 매월 정해진 날짜에 꼬박꼬박 받지 못 할 수도 있다는 뜻이란다.

용돈도 같은 이유를 생각해 볼 수 있어.

오늘 10,000원이란 용돈을 받았어. 한 달이 지난 후 다시 10,000원의 용돈을 받기로 되어 있지. 그걸 생각하며 오늘 받은 돈을 여기저기 써버리게 될 수 있겠지. 사고 싶은 물건이 있어서 살 수도 있고, 먹고 싶은 음식을 사먹거나, 가고 싶은 놀이공원에 갈 수도 있단다.

그러나 오늘부터 다음 한 달 동안 네게 어떤 일이 일어날지 확실하게 알 수 있겠니? 모르겠지.

감기에 걸릴 수도 있고, 오늘 사고 싶은 물건보다 내일이 되면 더 좋은 물건이 생길 수도 있겠지. 친한 친구의 생일 초대를 받게 될 수도 있고, 학용품을 새로 사야할 수도 있어.

그럼, 어떻게 될까?

받은 용돈은 사고 싶은 물건 사느라 이미 다 써버렸고, 가진 돈은 없는데 돈 써야할 일이 또 생긴다면? 정말 곤란한 일이지. 어떻게 해야 할까?

오늘 용돈을 받았다면 사고 싶은 물건을 바로 사러 가야할까? 아니면, 나중에 혹시 써야할 곳이 생길지도 모르는 일을 위해 저금부터 하고 남은 돈으로 써야 할까?

너의 생각은 어떠니?

가지고 싶은 욕구는 만족을 모른단다

아무리 많은 돈이라도 쓰다 보면 부족한 이유가 있단다. 쓰고 싶은 모든 것에 다 쓰면 세상의 돈 써야할 곳은 무수히 많기 때문이야.

하고 싶고 갖고 싶은 마음을 '욕구'라고 한단다. 욕구는 밑에 금이 간 항아리와도 같지. 물을 부어도 부어도 물이 밑으로 새어 나가니까 항아리가 채워지지가 않는 것처럼, 욕구도 마찬가지야. 채워지지가 않아. 그래서 부자는 이제 그만 됐다고 만족하지 못하고 더더 큰 부자가 되고 싶어하는 거지.

욕구는 만족할 때까지 즉시 채워야만 하는 게 아니라 상황에 따라 지혜롭게 조절할 수 있어야 하는 것이란다.

갖고 싶은 것을 다 가진다고 해도 '이제 그만 갖고 싶다'는 마음은 들지 않거든. 그래서 갖고 싶은 마음이 든다고 무조건 사게 되면 네가 가진 용돈을 다 써도 너는 늘 돈이 부족하다는 생각을 가지게 될 거야.

지금 당장 사고 싶은 마음을 참고, 가지고 싶은 많은 것들 중에 몇 가지 혹은 하나만 선택하렴. 신중하게 선택한 한 가지를 소중하게 여긴다면 너는 훨씬 큰 만족감을 맛볼 수 있게 될 거야.

돈은 친구와 같다

사랑하는 아이야, 용돈을 사용할 계획을 세우는 것은 친구랑 만날 약속을 정하는 것으로 생각하렴. '돈=친구'라는 생각을 하고, 친구 중에는 좋은 친구랑 나쁜 친구가 있듯이 돈도 좋은 돈과 나쁜 돈이 있다는 생각을 해야 한단다.

용돈을 받은 후 먼저 저축한다는 건 좋은 친구랑 만나는 것이고, 돈을 낭비하며 먼저 쓴다는 건 좋은 친구랑 헤어지는 것이란다.

그리고 돈을 사용할 때 항상 생각을 해야 하는 건, 돈을 지혜롭게 쓰는 방법인데 지혜로운 친구를 만나야 인생이 즐겁듯 돈을 지혜롭게 써야 행복이 오기 때문이란다.

돈 받으면 무조건 저금만 할래요

오늘은 용돈 받기 시작한 지 두 번째.

지난 달에 이어 오늘 용돈을 받는 너의 얼굴을 보니 즐거운 웃음이 가득한 게 엄마 아빠도 기분이 좋았단다.

왜냐하면, 돈이란 사람에게 꼭 필요한 것이고, 좋은 친구로 생각하고 관리를 해야만 좋은 돈을 더 가져온다는 걸 네가 이해한 것으로 생각했어.

그런데, 용돈을 받자마자 사고 싶은 물건을 사러 가던 지난 달과 다르게 오늘은 용돈을 받더니 네 방으로 들어가서 저금통에 용돈을 전부 넣어두더구나. 엄마 아빠는 서로 얼굴만 쳐다보며 너의 행동을 보기만 했지.

다시 방에서 나온 네가 '앞으론 저금만 할래요'란 말을 하고 나서야 모든 상황이 이해가 되었단다.

사랑하는 아이야, 돈을 갖고 저금을 하는 건 좋은 일이지만, 돈은 저금만 한다고 해서 잘 관리하는 것도 아니란다.

가령, 공부만 하면 바보가 되고, 잘 노는 방법도 알아야 건강한 생활을 잘 하는 것과 같단다. 공부만 하게 되면 운동을 못하게 되고, 결국 공부를 계속하기 어려운 상황이 올 수도 있단다. 그래서 공부를 열심히 하는 것도 좋지만 운동도 열심히 하고 놀기도 열심히 잘 해야 하는 거란다.

저축만 하고, 돈을 안 쓰겠다는 네게 그 이유를 물으니 좋은 친구들하고 계속 있고 싶다고 말했지. 엄마 아빠가 네게 들려준 좋은 친구, 나쁜 친구란 이야기를 듣고, 너의 선택은 '좋은 친구랑만 놀아야지'라는 결심을 한 것 같구나.

좋은 돈이 가야할 곳을 투자라고 해

하지만, 그거 아니?

좋은 친구도 좋다는 이유만으로 내 옆에만 둘 수는 없다는 거. 좋은 친구 스스로 움직이고 생각하고 활동할 수 있도록 자유롭게 해줘야 할 거야.

엄마 아빠가 사랑하는 너를 계속 우리 옆에만 두면 넌 하루도 지나지 않아 답답하고 지겨움을 느낄 걸? 엄마 아빠가 네 마음을 이해해주고 너의 생각을 존중해주는 건 너를 사랑해서란다.

좋은 친구도 마찬가지지. 친구인 돈에게 나가서 여러 친구를 만나라고 하렴. 그래야 진짜 좋은 친구라고 생각해주는 네 마음을 느낀 돈이 또 다른 친구인 좋은 돈을 데려온단다. 좋아한다고, 좋다고 나혼자만 갖고 있으면 정말 좋아하는 게 아니란다.

"근데요, 저는 좋아하는 물건은 나만 갖고 싶어요. 그러면 안 되나요?"

엄마 아빠의 이야기를 듣고 네가 다시 물어보았지. 그래. 좋아하는 물건을 오래오래 나만 갖고 싶은 건 틀린 생각이 아니란다. 하지만, 돈을 좋아하고 아낀다면 갖고만 있을게 아니라 돈이 자유롭게 다닐 수 있도록, 좋은 돈이 다시 좋은 돈을 데려올 수 있도록 좋은 곳에 보내줘야 한단다.

좋은 돈이 가야할 좋은 곳?

그걸 '투자'라고 한단다. '투자'란 내가 가진 돈을 좋은 돈들이 모이는 곳으로 보내어 더 많은 좋은 친구들을 내게 데려올 수 있도록 하는 거란다.

투자는 좋은 돈을 더 많이 만들어주는 아주 좋은 일이라고 생각할 수 있어.

하지만, 투자에는 무시할 수 없는 위험이 따르기도 해. 사람들에게 돈은 좋은 친구라서 모두들 돈을 투자하고 더 많은 돈을 만들기 원하거든.

때로는 나쁜 돈들도 좋은 돈처럼 흉내 내면서 투자하라고 유혹한단다. 그래서 많은 사람들이 나쁜 돈의 유혹에 속아서 투자라고 믿고 돈을 보내지만 그 돈은 다시 돌아오지 않지.

투자는 자기 책임이란다. 결과에 대해 책임을 져야 한다는 건데, 그건 돈의 문제가 아니라 돈을 가진 사람들의 마음이 자주 변하기 때문이기도 해.

좋은 친구를 어떻게 알아볼까?

가령 친구를 만났는데 만난 지 얼마 되지 않아 아직 잘 모르겠다고 치자. 그 사람을 '좋은 친구'로 인정하기 전까지는 그저 그 사람을 지켜보는 게 네가 할 수 있는 유일한 일일 거야.

투자할 방법을 들었을 때도 마찬가지지. 일단 지켜보며 네 생각과 다른 사람들의 생각을 모아봐야겠지. 같이 인정할 수 있는 '좋은 결과'가 나오기 전까지 시험의 문을 하나씩 만들면서 통과시켜보렴. 엄마 아빠가 네게 알려주는 '지혜의 문' 과정이란다. 그리고 지혜의 문은 네가 만든단다.

용돈 외에 생긴 돈은 어떻게 하나요?

용돈을 모으면 이자가 생긴단다. 은행에 용돈을 저금했을 경우이지. 은행은 사람들의 돈을 모아서 투자를 하거나 다른 사람들에게 돈을 빌려주고 이자를 받는 곳이야. 그래서 돈을 맡긴 사람들에겐 그 대가로 이자를 준단다.

이자가 뭐냐고?

이자란 사람들이 은행에 돈을 맡기면 그 돈에 대해 일정한 비율을 정해서 돈을 더 늘려주는 걸 말해. 왜냐하면, 은행에 사람들이 돈을 안 맡기면 은행은 돈이 필요한 사람에게 돈을 빌려줄 수도 없고, 돈을 더 만들 곳에 투자할 수도 없거든.

그래서 은행은 돈을 맡겨주는 사람들에게 고맙다는 의미로, 또는 '맡겨주신 돈으로 잘 관리해서 돈을 더 벌었으니 그에 대한 이익을 나눠드립니다' 하고 이자를 주는 거란다. 네가 받는 용돈을 은행에 넣어두면 용돈에 대한 이자가 붙으니 돈은 더 늘어나게 되는 거지.

용돈 외에 생긴 돈은 나쁜 돈인가?

용돈 외에 또 어떤 돈이 있을까? 부모 아닌 다른 사람들이 주는 돈이 있겠지? 할머니, 할아버지가 주시는 돈도 있고, 엄마 아빠의 친구가 너에게 주는 돈이 있을 거야.

그 외 다른 돈은 없을까?

네가 집이나 밖에서 아르바이트 같은 일을 하게 된다면 별도의 수입이 생길 수도 있겠다.

이렇게 너한테 들어온 돈을 어떻게 써야할지 생각해 본 적 있니? 매달 받는 용돈은 용돈관리부에 의해 계획해서 쓰니까 낭비할 부분은 없는데, 갑자기 생기는 돈은 용돈이 아니니까 함부로 쓰게 되는 경우가 많지.

그래도 될까? 어떻게 생각하니?

그래. 돈은 우연하게 생긴 돈이라고 해도 함부로 쓰면 안 되는 거란다. 그 이유를 생각해보면, '남의 돈'이 더 중요하다는 뜻이 돼.

앞에서 우리가 이야기했지만, 돈은 친구라고 했지? 친구 중에는 좋은 친구, 나쁜 친구가 있듯 돈에도 좋은 돈, 나쁜 돈이 있는데, 용돈이 좋은 돈이고 다른 돈은 나쁜 돈이란 뜻은 아니란다. 왜냐하면, 용돈이 있어서 더 들어온 돈이 되었기 때문이야. 네가 만약 용돈이 없다면 네게 생기는 모든 돈들은 '더 생긴 돈'이 아니라 그저 '네게 생긴 돈'일 뿐이지.

그럼, 아까 우리가 나눈 이야기 기억나니? 네가 가진 돈이 좋은 돈일 경우에 좋은 돈을 데려온다고 했지? 네가 가진 돈이 나쁜 돈이라면 네게서 돈을 빼앗아 갈 뿐이라고 했어. 그럼, 네가 받는 용돈 외에 너한테 더 생긴 돈은 좋은 돈일까? 나쁜 돈일까?

그래, 맞아. 좋은 돈이란다. 왜냐하면, 나쁜 돈은 제발로 찾아서 저절로 오지 않거든. 네가 가진 용돈이 좋은 친구, 즉, 좋은 돈이기 때문에 네게 좋은 돈이 더 온 거란다.

나쁜 일에 쓰이는 돈들은 나쁜 돈

어른들도 회사에 다니면 월급 외에 '보너스'라는 걸 받는단다. 이건 좋은 돈이지. 정당하게 받는 돈이니까.

어른들이 받는 돈 가운데에도 자기는 '좋은 돈'이라고 거짓말하면서 나쁜 성격을 숨기는 경우가 있어. 어른들이 회사에서 맡겨진 일을 하는데 간혹 무슨 부탁을 한다며 다가와서 건네주는 돈이 있어. 그걸 '뇌물'이라고 하지.

뇌물은 나쁜 돈의 대명사야. 세상에서 가장 나쁜 돈으로 취급되지. 그 외에도 돈을 걸고 게임을 하는 경우가 있지. 흔히 '도박'에 쓰이는 돈도 뇌물이란 나쁜 돈의 친구쯤 되는 돈이란다.

학교에서 반장을 뽑는 경우를 생각해보렴. 반장이 되기 위해서는 선거에서 친구들의 표를 많이 받아야 하겠지? 만약에 반장이 되려는 사람이 표를 받기 위해 친구들에게 돈을 주거나 선물을 주고, 음식을 사준다면 어떻게 되겠니? 정정당당한 방법이 아닌 행동은 나쁜 행동이지? 정정당당하지 않은 방법으로 이루려는 모든 일들이 나쁜 일인 것처럼, 나쁜 일에 쓰이는 돈들은 모두 나쁜 유혹만 생길 뿐이란다.

내가 반장이 되면 좋은 일을 할 건데, 친구들을 돕고 착한 반장이 될 건데, 돈을 쓰고 선물을 사주고 밥을 사주면서 표를 달라고 하는 건 왜 나쁜 일일까 궁금할 수 있어.

돈의 성격 문제인데, 돈은 사람들처럼 '성격'이 있어서 좋은 일에 쓰이면 좋은 돈이지만, 나쁜 일에 쓰이면 나쁜 돈이 된단다.

반장을 뽑는 선거에서는 여러 후보자들이 모여 똑같은 조건 하에서 경쟁해야 한다는 조건이 있잖아. 그 조건에 맞게 허용되는 돈이 있고, 안 되는 돈이 있거든. 표를 돈으로 산다면 돈이 많은 사람이 반장이 되겠지. 그러면 돈이 많은 반장이 훌륭한 반장이라고 할 수 있니? 나쁜 돈을 많이 가진 사람이 반장이 되면 좋은 친구들의 돈을 다 뺐어가려고 하겠지.

사람은 그 자체만으로 본다면 좋은 사람, 나쁜 사람을 구별할 수 없어. 그래서 반장을 뽑거나 대통령을 뽑는 일에는 모두 정해진 규칙을 갖고 도전한단다. 이 규칙을 어기는 사람은 반장이 될 자격이 없고, 나아가서는 어른이 되어도 한 나라의 대통령이 될 자격이 없는 거란다.

반장으로 뽑아달라고 돈으로 표를 사는 건 결국 목적을 이루기 위해 돈을 나쁘게 쓰는 건데, 이걸 뇌물이라고 하는 거란다. 뇌물은 돈의 성격을 나쁘게 바꿔 버린단다. 뇌물을 받는 사람은 정당하게 일해서 받은 돈은 아니지만 자기에게 돈이 들어왔으니 욕심이 생기겠지.

네가 용돈 외에 다른 돈이 생길 경우 고민해야 하고, 생각해야 할 이유란다. 받아도 되는 돈인지 아닌지를 고민해야 한단다. 돈이란 사람에게 정말 복잡한 생각거리를 많이 주지?

용돈 외에 갑자기 생긴 돈, 혼자 생각하기 어렵다면 어른들에게 물어보렴. 나쁜 돈은 아닌지 걱정된다면, 좋은 돈이라면 어떻게 해야 할지 같이 생각하자꾸나.

용돈관리부가 필요해요!

"저금통도 꽉 차고, 은행에 돈도 넣어두고, 남는 돈은 '좋은 돈'이 되어 다시 오라고 투자를 했어요. 다른 사람에게 준 돈은 어차피 나를 떠날 돈이라고 생각했어요. 이제 어떻게 하죠? 너무 복잡해져요."

사랑하는 아이야, 엄마 아빠랑 '돈 관리'에 대해 배우면서 어느덧 네가 부쩍 커버린 느낌이 든다. 네가 받는 용돈을 계획을 세워 사용하고, 남는 돈은 은행에 넣어서 이자가 붙게 하고, 또 추가로 생기는 돈은 '투자'까지 한다니 정말 대견하구나.

이제는 네게 '용돈관리부'에 대해 가르쳐줘야할 때가 된 것 같아. 용돈관리부란 엄마가 쓰는 가계부와 비슷한 건데, 돈을 관리하는데 반드시 필요한 것이란다.

가계부는 월급을 계획에 따라 사용하고, 우리 가족의 생활과 미래에 대해 준비하는 돈 관리부라고 할 수 있지. 네게도 용돈관리부가 필요하단다.

용돈관리부는 돈이 들어오는 날과 나가는 날을 쓰고, 돈을 쓴 내역을 적는 거야. 매월 돈이 들어오는 정해진 날짜와 나가는 날짜를 미리 적어두고 돈 흐름을 준비하는 것이지.

그 이유는, 돈의 흐름을 잘 기록해두지 않으면 돈은 투명인간처럼 우리 눈앞에서 사라지거든. 사라져서 보이지 않는 돈은 우리 기억 속에서도 없어져서 내가 정말 돈이 있었는지 잘 모르게 된단다. 돈이란 물과 같아서 우리 손 위에 두면 손가락 사이사이로 주르륵 빠져버리거든.

수입(돈이 들어오면)은 반드시 저금하는 액수를 적는 곳을 먼저 쓰고, 그 아래에 지출(쓰는 용돈)을 적는 거야. 돈이 생기면 저축 먼저 하고 쓸 돈을 준비한 뒤 아껴서 쓰는 습관을 기르기 위함이지.

쓸 돈을 적는 곳에는 정해진 날짜에 써야 하는 돈과 생활하면서 필요한 돈을 적도록 하자. 정해진 쓸 돈은 미리 표시를 해두면 되지만, 생활하면서 돈 쓸 데를 구분하려면 지난 달에 어디에 썼는지 미리 적어둬야 혼동하지 않는단다.

사랑하는 아이야, 용돈관리부는 매일매일 일기를 쓰듯 돈의 내용을 적는 곳이야. 용돈을 받고 매일매일 돈을 얼마나 썼는지 스스로 비교하고, 계획을 세워 돈 씀씀이를 절약할 수 있도록 하는 게 목적이란다.

용돈관리부 마지막 장에는 받은 돈과 쓴 돈, 저금한 돈을 적어야 하는데, 한 달 용돈을 받아서 저금은 얼마를 했는지, 얼마를 썼는지 스스로 아는 게 중요하단다.

밥이 가득 담긴 밥솥을 생각해 보자

솥에 가득한 밥을 이번 달에 받은 용돈으로 생각해 보자. 뚜껑을 열고 저축한 돈의 양 만큼을 퍼내고, 네가 쓴 돈 만큼의 밥을 또 퍼내보렴. 밥솥에 남은 밥이 보이지? 네가 이번 달에 벌은 밥이라고 생각하면 돼.

남은 밥의 양을 알았다면, 그 밥의 양으로 다음 달에 똑같이 살아보도록 하자. 성공할 경우, 돈을 절약하는 방법을 배울 수 있어, 실패할 경우에도 돈을 아끼는 방법을 깨닫게 되어 너한테 꼭 필요한 과정이란다.

간혹, 밥솥에 남는 밥이 없을 경우도 생기겠지. 밥이 없으니 굶어야 한다고 생각해 보자. 너는 어떻게 해야 할까?

밥을 먹으려면 쌀을 가져와야 하는데, 쌀을 사오려면 일을 해야 하는 거지. 엄마 아빠에게 일을 시켜달라고 말하면 네게 그 일한 만큼 다시 돈을 줄 수 있어. 우리는 네가 할 수 있는 일을 정하고, 그 일을 해낼 때 정해진 만큼의 돈을 줄 계획이란다.

이렇게 일을 하다보면 알게 될 거야. '돈'이란 '밥'과 같은 것이고, 네가 살아가는 동안 반드시 필요한 소중한 것이라는 것을 말이야.

사랑하는 아이야. 밥을 담은 밥솥의 위를 덮고 있는 뚜껑의 역할을 생각해 보렴. 뚜껑은 밥이 잘 되도록 도와주는 역할을 한다.

쌀은 밥이 되기 전에 부글부글 끓으면서 어떻게든 솥 밖으로 김을 내보내려고 한단다. 그러나 뚜껑이 굳건하게 꼭 누르고 있으면 뜸이 들면서 맛있는 밥이 되지.

은행에 넣은 돈도 마찬가지란다. 어떻게든 밖으로 나가려고 부글부글 끓는단다. 끓는 밥솥을 열지 않아야 밥이 잘 되는 것처럼 은행에 넣어둔 돈도 마찬가지지.

쌀이 끓는다고 섣불리 뚜껑을 열어버리면 부글거림이 순식간에 빠져나가서 맛없는 밥이 되고 말거든. 밥이 되더라도 먹고 싶은 맛있는 밥이 되지 못한단다. 뚜껑을 열 때는 조심스럽게 조금씩 열어야 한단다.

돈을 다 썼어요
용돈 좀 꿔주실래요?

밥솥에 있는 밥을 다 먹어버리면 어떤 일이 생길까? 이제부터는 굶을 시간만 남아있겠지. 다음 달 용돈 받을 때까지는 멀었고, 너의 입장에서 하루하루 시간이 흐를수록 버티기가 어렵겠지.

며칠 전부터 엄마 아빠에게 뭔가 얘기를 하려다가 망설이며 얘기를 안 하는 네 얼굴을 보고 엄마 아빠는 짐작을 했단다.

용돈을 주면서 밥솥을 그려주기까지 했고, 그 안에 든 밥을 다 먹었으면 엄마 아빠에게 일을 시켜달라고 말하고 그에 대한 대가로 돈을 받아야 할 텐데, 네 자존심 때문에 차마 이야기를 못하는 것 같아 보이더구나.

밥솥을 가득 채웠던 밥이 어느새 사라져버리는데, 사람들은 그걸 잘 모른단다. 두꺼운 밥솥 뚜껑 속이 잘 안 보인다고 불평할지 모르지만, 뚜껑을 계속 열고 밥을 퍼내기만 한 것은 바로 자기 자신이란다.

솥이 비워질수록 살아갈 힘도 없어져 버리지. 아침에 일어나도 힘이 없고, 학교에서도 공부도 잘 안 되지 않니? 친구를 만나도 즐겁지 않고, 학교에 가서도 책이 눈에 잘 안 들어올 수도 있어.

밥이 없다면 어떻게 해야 할까?

밥솥에 밥이 없다면 밥을 지어야겠지? 용돈이 엄마가 지어주신 밥이라면 이제부터는 네가 직접 번 돈으로 밥솥을 채워야 한다는 말이지. 그래야 남은 시간 동안 굶지 않고 밥을 먹을 수 있을 테니까.

그 돈은 어떻게 벌어야 할까?

집안에서 어른들을 도와 돈을 벌 방법을 생각해 보면 어떠니?

어른이 되기 전까진 부모님이 용돈을 주지만, 어른이 되면 네가 돈을 벌어야 한단다. 네 스스로 돈을 버는 방법을 생각하고 부족한 부분을 채워넣을 수 있어야 하지.

돈을 버는 것은 힘든 일이란다. 그보다 더 어려운 일은 돈을 잘 쓰는 거지. 돈 잘 쓰기가 쉽다면 네가 우리에게 돈을 빌려달라고 하지 않았겠지? 돈을 잘 썼으면 돈이 좋은 친구가 되어 좋은 돈을 더 데려왔을 것이고, 너는 네 솥에 더 많은 돈을 담아두었을 테니 말이다.

[가정에서 아이에게 아르바이트 시키기 팁]

1. 정해진 용돈 외에 아이가 돈이 더 필요하다고 말할 경우, 가정에서 하는 아르바이트 비용을 지불한다.

2. 아이에게 할 수 있는 일의 종류와 금액을 정하고 제안서를 만들어 가져오라고 말한다.

3. 일의 종류와 금액을 협상한다. 아이가 정한 일의 종류를 보고 일의 가치에 대해 이야기 나눌 수 있다. 공부하기, 책 읽기 등의 항목이 들어있다면 제외시킨다. 각 항목마다 액수를 정한 이유에 대해 물어본다.

4. 금액에 대한 협상은 설득과 타협의 기술을 배울 수 있게 하고 일에 대한 책임감을 더해준다.

5. 신발 정리는 현장에서 지급하고, 방 청소하기는 하루 뒤, 설거지하기는 일주일 뒤에 지급한다는 식으로 조건을 정한다. 일하는 조건과 대가를 받는 체계를 가르쳐 주는 것이다.

제2부

돈은 아름답고 소중하지만 때로는 나쁜 친구처럼 멀리해야할 때도 있다

친구들은 다 있는 물건, 나도 사고 싶어요

돈이 모일수록 네 마음에는 돈을 쓰고 싶은 마음도 커지고, 사고 싶은 것도 많아진다. 그러나 네가 가진 돈에 비해 사고 싶은 물건이 너무 많고, 계속 생긴다면 어떻게 되겠니?

세상의 모든 건 시작이 있고, 끝이 있단다. 그러나 끝이 없는 게 있는데 그건 바로 욕심이라는 것이야.

욕심에 대해 이야기해보자.

해마다 세계 최고 부자들의 재산과 그들이 돈을 모으게 된 방법들이 소개되곤 한다. 세계 최고의 부자는 누구이고, 두 번째 부자는 누구이고, 조금 많이 소개하자면 1등부터 500등까지 소개되기도 하지.

사람들은 그들이 가진 재산을 보고 놀라지. 그들처럼 돈을 벌려면 어떻게 해야 하는지 궁리하게 되고, 그들은 어떻게 돈을 벌었는지 방법을 알아내려고 해. 그들이 가진 돈을 부러워하게 되는 거야.

정작 중요한 건 그들이 얼마나 열심히 노력하고, 어떤 도전을 해서 부자의 자리에 올랐는지를 배우는 것인데, 사람들은 그들을 통해 배우기보다는 그저 가진 돈을 부러워할 뿐이란다.

돈이 많으면 행복할까?

최고의 부자 솔로몬이라는 사람이 있었단다. 수 천 명의 아내가 있고, 자기가 사는 궁궐 전체를 금으로 만들만큼 부자였지. 금으로 만든 수저에 금으로 만든 컵이 아니면 물을 마시지도 않았다고 해.

세상의 권력과 돈을 모두 가졌지만 솔로몬에게는 항상 채워지지 않는 마음의 빈자리가 있었어. 돈으로 채워지지 않는 마음의 빈자리는 나중에 하나님을 알게 되면서 자기가 가진 돈으로 어떤 일을 해야 할지 알게 되고나서야 채워졌다고 하지.

솔로몬이 돈만 알았을 때는 자기가 원하는 걸 모두 다 가지면 행복할 줄 알았지. 그래서 돈으로 할 수 있는 모든 걸 다했지. 그런데 세상의 모든 걸 가졌다고 해도 만족하지 못했던 거야.

인간의 욕심은 끝이 없기 때문이지. 솔로몬은 화려한 집에 살면서 항상 입버릇처럼 중얼거리는 말이 있었어.

"허무하다. 허무하다. 허무하다."

과거의 솔로몬이 아니라 현재의 부자는 어떨까?

부모가 재벌인 아이들은 어린이 부자가 된단다. 10살도 채 안 된 아이가 수십억 원, 수백억 원을 갖고 있고, 어떤 아이는 태어나는 순간 그의 부모로부터 어마어마한 돈을 물려받는다.

그 아이들이 부럽니?

너와 우리도 알지만, 모르는 돈 받는 게 얼마나 위험한 일이니?

사랑하는 아이야, 친구들이 가진 물건이 네게 꼭 필요하다면 사렴. 물건을 산다는 건 네 마음에 행복을 가져다준단다. 하지만, 시간이 흐르게 되면, 한때 정말 갖고 싶었던 물건일지라도 어느 순간 귀찮고 필요 없어질지도 몰라.

지금 당장 행복하고 만족하기 위해 그 물건을 사야한다면 나중에 어떻게 오래 즐거울 것인지도 생각해두렴. 좋은 돈은 좋은 추억을 주듯, 좋은 돈을 만드는 건 네 생각이란다.

그렇지 않고 지금 당장은 갖고 싶지만 나중에 다른 물건이 더 좋아질 수도 있는 것이라면 사지 말고 빌리렴.

빌리는 방법은 어렵지 않단다.

먼저, 돌려줄 수 있는 정확한 날짜를 말해야 해. 이때 날짜는 넉넉하게 여유를 두어 약속하고, 그 날짜 이전에 반드시 미리 돌려주렴. 돌려줄 땐 그 사람이 좋아할 만한 물건을 함께 넣어주면 좋아. 빌려줘서 고맙다는 너의 감사 표시란다.

그렇게 하기 싫다면 눈 딱 감고 다른 길로 가렴. 물건을 사기도 아깝고, 빌리기도 불편하다면 그냥 포기하는 거야. 네 인생에 반드시 필요한 물건이란 생각보다 많지 않단다.

공부 잘 할테니 용돈 더 주실래요?

"공부 잘 하면 용돈 더 주실래요? 회사 일 잘 하면 월급 더 받잖아요?"라고 네가 말했지.

공부와 돈에 대해 이야기를 해야겠구나. 어린이는 어른이 되면서 많은 것을 배우게 되지. 수학을 배우고, 국어를 배우고, 영어, 기술, 생물, 과학, 체육도 배우지. 더하기, 빼기, 나누기, 곱하기 그리고 복잡한 공식을 외우면서 학생들은 궁금해 하지. 이런 거 나중에 정말 쓸모 있을까 하고 말이야.

공부를 잘 하는 조건으로 용돈을 더 받는다면 시험문제 하나당 얼마씩 더 받아야 할지 정해야하는데, 그 돈은 시험문제를 내는 사람이 너에게 줘야할 것으로 생각되는구나. 하지만, 시험 문제 내는 사람이 시험 보는 사람들에게 돈을 주진 않지? 그래서 공부 잘 하면 돈을 더 주는 게 아니란다.

공부를 하는 이유는 돈을 잘 이해하고 돈을 잘 다루기 위함이란다. 공부를 잘하면 돈을 더 받는 게 아니라 돈이 더 생기는 거라고 말할 수 있지. 돈을 잘 관리하고, 돈을 더 좋은 곳에 사용하는 법을 배우는 거니까.

돈을 잘 관리하는 법, 돈을 좋은 곳에 쓰는 법

자, 돈을 잘 관리하는 법과 돈을 좋은 곳에 쓰는 법을 배워보자.

'돈을 잘 관리하는 법'과 공부는 비슷한 점이 많단다. 예를 들어, 새 학기가 되면 교과서를 받고 새 친구들을 만나지. 새로 받은 교과서는 책꽂이에 잘 꽂아두고 시간표대로 책을 꺼내게 되겠지.

돈도 마찬가지야. 새로운 돈이 들어오면 먼저 저금을 하고, 나중에 계획성 있게 돈을 쓰는 거란다. 이처럼 '돈을 잘 쓰는 법'과 공부가 같지.

"저금하고 이번 달에 쓸 돈을 다 계획했는데, 갑자기 친구 생일을 알았어요. 어떻게 해요?"

친구에게 생일 선물을 해줘야 하는데 은행에 저금한 돈을 빼긴 아깝고 현재 가진 돈은 없다는 너의 고민을 어떻게 풀어줄까.

돈이 없다면 저금한 돈을 빼서 쓸 수도 있고, 새로 벌 수도 있단다. 하지만, 네가 말했지만 '갑자기' 친구 생일을 알았으니 돈을 다시 벌 충분한 시간도 없다면?

누군가에게 빌리거나 은행에서 돈을 빼야하는데, 은행에 저금한 돈을 빼서 친구 선물을 사주기보다 새로운 방법을 알아보자.

먼저, 선물은 반드시 돈을 주고 사야하는지 생각해 보자. 오히려 네가 잘 만드는 물건이 있다면, 소중한 친구에게 네가 직접 만든, 이 세상에 단 하나밖에 없는 선물을 주면 어떻겠니? 친구도 좋아하지 않을까? 선물은 돈을 주고 살 수도 있지만 네가 직접 만들어주는 것도 방법이란다.

선물이 뭘까? 비싼 것만 좋은 선물일까?

너는 어떤 선물을 받았을 때 고마웠는지를 떠올려보렴. 물건도 좋지만 마음이 담긴 친구의 편지를 받았을 때 더 감동스럽지 않았니?

메시지가 담긴 카드, 친구와의 특별한 놀이를 계획하는 것도 좋은 선물이 될 수 있어. 부득이한 경우 전화로 축하해주는 것도 친구에겐 선물이 될 수 있지. 선물은 마음에 감동을 주는 것이 중요하니까.

학생이 학용품 사는 돈은 좋은 곳에 투자하는 것

좋은 일에 쓰인 돈은 좋은 돈을 친구로 데려온다고 말했지?

학생이 학용품을 사는데 돈을 투자하는 것은 좋은 일이란다.

학생의 본분은 공부니까, 열심히 공부하는데 드는 돈은 아끼지 말아야 한단다. 어른들도 회사에서 맡은 일을 더 잘하기 위해 학원에도 다니고 계속 교육을 받는단다. 승진도 하고 월급도 더 많이 받기 위해서 투자를 하는거지.

마찬가지로 공부가 전부인 학생도 자기의 일인 공부를 위해 투자를 해야겠지? 공부에 필요한 학용품을 사고 문제집을 사는 데 돈을 아끼지 않아야 하는 이유이지. 돈이 없다면 은행에서 돈을 빼서라도 필요한 학용품을 사렴. 좋은 곳에 투자하면 반드시 좋은 돈이 따라온단다.

꼭 사고 싶은 게 생겼어요

친구들은 다 있는 물건, 사야 하나, 말아야 하나 고민이 된다는 네 이야기. 이번엔 친구들에겐 없는 물건이지만, 네 눈에 들어오고 네 마음을 빼앗은 물건이 나타났구나.

꼭 사고 싶다는 것과 꼭 필요하다는 것을 생각해 보자. 네가 꼭 사고 싶은 물건이 네가 생활하는데 꼭 필요한 물건일까?

사고 싶은 것과 필요하다는 것은 다를 수 있단다.

사고 싶은 물건이 꼭 필요한 물건이라면, 사고 싶은 물건을 파는 곳을 찾아보렴. 인터넷에서, 시장에서, 주위 사람들에게 물어보렴. 어디에서 가장 싸게 파는지 알아보고, 파는 곳에서 수리도 해주는지, 배달은 해주는지 등을 살피렴. 네게 필요한 물건을 만든 곳은 어디인지, 가격은 얼마인지 꼼꼼히 살펴봐야 한단다

네게 꼭 필요한 물건이라면 네 옆에 오래 머물 것 아니겠니? 네

옆에 오래둘 물건인데 순간적인 호기심으로 사버린다면 금방 후회하게 되고 가슴 아픈 게 오래 간단다.

좋은 친구는 오랜 기간 사귀어봐야 하는 것이고, 좋은 술은 오래될수록 향기가 좋단다. 우리나라 김치도 3년 정도 숙성되어야 찌개용으로 좋다. 좋은 물건을 사기 위해서 오랜 시간 찾아보고 알아보는 것도 즐거움이란다.

꼭 사고 싶은 물건이 네게 꼭 필요한 물건이었고, 그 물건을 파는 가장 좋은 곳도 찾았다고? 그러면, 그 물건을 사렴. 갖고 있는 돈이 부족하다면 어떻게 하는 게 좋을까? 은행에서 찾을까? 그것 말고 더 좋은 방법은 없을까?

그래, 다음 달 용돈을 기다리는 거야.

물건 값이 비싸서 다음 달 용돈을 더해도 부족하다고? 그럼 또 기다리렴. 그 다음 달까지. 한 달 한 달 용돈을 모아서 그 물건을 사는 거란다. 네가 꼭 사고 싶은 물건, 네게 꼭 필요한 물건은 널 기다려줄 거니까.

짠돌이와 구두쇠의 차이

잔뜩 풀이 죽은 네 모습, 무슨 일이 있었는가 싶었는데. 저녁 식사 자리에서 네가 말했지. 친구들이 놀린다고.

짠돌이라고?

친구들과 사이가 나빠지는 건 아닌지 걱정했겠구나. 친구들은 구두쇠와 짠돌이의 의미를 몰랐던 것 같다. 이제 친구들에게 이야기 해주자.

짠돌이란 돈을 안 쓴다는 뜻이 아니란다.

오히려 '쓸 곳'과 '안 써도 될 곳'을 구분해서 반드시 써야 할 곳에만 쓴다는 좋은 뜻이지. 무조건 돈을 안 쓰는 구두쇠와는 다른 의미란다.

구두쇠 스쿠르지 영감 이야기(소설 '크리스마스 캐럴', 영국 소설가 찰스 디킨스 作, 1843년 12월 19일 발표)가 있다. 크리스마스인데도 자기를 위해 일하는 직원에게 선물도 안 줄 만큼 고약한 구두쇠였어. 결국, 고약한 구두쇠 스쿠르지 영감은 크리스마스 밤에 환상을 보게 되는데 자기가 돈만 생각하고 저질렀던 나쁜 행동을 보며 마음 속 깊이 뉘우치게 되는 이야기란다.

구두쇠 영감 스쿠르지 이야기에서도 알 수 있듯, 돈을 모으는 이유는 쓰기 위해서란다. 쓰라고 모으는 돈이긴 하지만 꼭 써야 할 곳에, 필요한 곳에 써야한다는 뜻이지.

친구들이 너를 짠돌이라고 보는 이유는 네가 용돈을 받아도 친구들과 먹을 것 사먹으러 다니거나 장난감을 사는 경우가 적기 때문일 거야. 맞지?

너는 받은 용돈을 은행에 저금하고 있는데, 은행에 용돈을 저금한다고 짠돌이라고 부를 순 없을 것 같구나. 그건 은행이 하는 일을 모르는 사람들의 이야기이니까.

네가 은행에 저금한 돈은 좋은 곳에 쓰인단다. 나라에서 학교를 짓거나 도로를 만들 때 은행에서 돈을 빌려서 사용하기도 하거든. 또 나라가 국민들에게 세금을 받아서 은행에 넣어둔단다. 이렇게 은행에 모인 돈은 제각기 사용될 곳을 찾아서 쓰이게 되지. 어려운 회사를 살리는데 쓰이기도 하고, 집을 사거나 아파서 병원비를 빌려야 하는 사람에게 쓰이기도 한단다.

게다가 은행은 돈을 맡긴 네게 이자를 주니까, 좋은 돈을 잘 관리해서 돈을 더 주는, 좋은 곳이라고 볼 수 있지.

이 사실을 알면 친구들도 네게 구두쇠라고 말 못 하겠지?

짠돌이란 내가 쓸 돈을 절약하고 주위를 더욱 많이 도와주는 사람이란다.

모르는 건 잘못이 아니란다. 이제 슬퍼하지 말렴. 친구들과 떡볶이와 튀김을 함께 먹으며 이야기하면 오해가 풀릴 거야.

돈을 더 빨리
더 많이 갖고 싶어요

욕심과 성급함에 대한 이야기를 해줄게.

옛 이야기에, 욕심을 설명하는 말로 '물에 빠진 사람 구해줬더니 보따리까지 내어 놓으라' 하더라는 이야기가 있다.

물에 빠져 허우적대는 사람을 보고 지나가는 사람이 목숨을 걸고 들어가 꺼내주었어. 죽을 뻔한 사람의 목숨을 살려주었는데 감사는커녕 왜 자기가 갖고 있던 보따리까지 꺼내주지 않았냐고 따지며 물어내라고 했다는 말이다.

한편, 성급함을 설명하는 말로 '우물가에서 숭늉 찾는다'라는 이야기도 있다. 우물가에서 물을 퍼올리는 사람에게 우물에서 물을 길어 부엌에서 밥을 한 후 끓여야만 만들 수 있는 숭늉을 달라고 하니 얼마나 성급한 사람인지 잘 말해주는 이야기이지. 그만큼 사람의 어리석은 성격을 잘 설명하는 두 단어가 바로 욕심과 성급함이란다.

성급함이란 때를 기다리지 못하는 것이다. 밥을 얻기 위해선 수많은 절차가 필요하지. 농사를 짓고, 벼를 수확하여 쌀을 만들고, 물을 구하고 불을 피워서 쌀을 끓여야 하는 거지. 맛있는 밥을 위해서는 뜸을 들이는 시간도 필요하지.

욕심이란 내가 준비하지 않은 일에 대해 행운을 바라는 거란다. 내가 준비한 것보다 더 큰 대가를 바라는 것을 말하지. 욕심을 부리는 사람들은 항상 부족감에 시달린다. 욕심은 채워지는 것이 아니거든. 또 어느 날 우연히 이뤄진다고 해도 또 다시 더 큰 욕심에 빠지므로 주의해야 한단다.

욕심은 사람에게 위험한 마음이다

돈을 저금하고 돈이 불어나는 걸 보면, 조금 더 빨리, 조금 더 많이 갖고 싶어진단다. 돈은 우리가 먹는 밥하고 다르다. 밥은 어느 정도 먹으면 배가 부르고, 더 이상 먹기 싫어지지. 안 먹어도 될 만큼 마음이 풍요롭지. 그러나 이상하게도 돈은 많이 생길수록 더 많이 갖고 싶어진다. '밥'과 '돈'의 큰 차이점이지.

그 이유는 바로 돈으로 밥도 사고, 여행도 가고, 놀 수도 있기 때문이야. 사람은 돈이면 다 된다는 착각에 빠지면서 돈을 더 많이 갖고 싶게 되는 거지.

그러나 돈이 사람들의 욕심 속에서 자라면 독이 된단다. 돈은 빨리 많이 생기는 게 아니라 '땀'을 맞바꿔서 생기는 거거든. 그 '땀'은 각자의 노력이고 각자의 지혜 속에서 자라난다.

남의 돈을 빼앗거나, 땀을 들이지 않고 생기는 돈은 거짓 돈이란다. 거짓 돈은 결국 사람의 몸과 정신을 조금씩 갉아먹기 시작하고, 그 사람을 무너뜨리게 된다. 소리 없이, 흔적 없이 사람을 망치는 길이지.

사람은 밥을 먹는데, 밥을 먹고 싶다는 건 배가 말하는 것이고, 입이 말하는 게 아니란다. 입은 배가 불러도 계속 먹으라고 하는 경우가 있어. 이럴 때 몸을 망치게 되지.

돈도 마찬가지란다. 이미 충분한 돈을 만들고 있고, 내가 부족하지 않게 자라는데, 나쁜 돈은 입의 유혹처럼 '넌 아직도 돈이 부족해'라며 계속 돈을 더 가지라고 요구한단다.

빨리 돈을 더 가져야 하는데 용돈을 받을 날짜는 한참 남았고, 지금 당장 일 할 것도 없다면 어떻게 되겠니? 남의 돈에 욕심을 내게 되고, 거짓 돈은 남의 돈이라도 뺏어오라고 부추기게 되겠지.

내가 가진 돈이 충분한데, 더 생기는 돈은 어디에 쓰겠니? 결국, 게임과 오락에 쓰이고, 남을 괴롭히는데 쓰일 뿐이란다. 어느 순간, 돈을 더 빨리, 더 많이 갖고 싶어졌다면 너에게도 나쁜 돈의 욕심이 들어왔을 수 있다. 조심해야지. 돈 그림자를 따라 나쁜 욕심이 들어오면 위험하단다.

사람들은 누구나 저마다 가진 돈이 있단다. 누구는 1천 원, 누구는 1만 원, 누구는 1백만 원, 그리고 누구는 10억 원이 넘는 많은 돈이 있지. 그런데, 사람들은 대부분 돈이 부족하다고 오해한단다.

10억 원 가진 사람도 돈이 부족하다고 하고, 1백만 원 가진 사람도 돈이 부족하다고 한다. 나라에서 돈을 더 찍어내지 않는 한, 돈은 정해진 양만 있겠지. 그 양을 서로 나누어야 하는데, 모든 사람이 돈이 부족하다면 결국 남의 돈을 뺏을 수밖에 없지.

이때, 욕심과 싸움, 다툼이 생긴단다. 남을 넘어뜨리고 내가 그 돈을 확보하려고 애쓰기도 하고, 돈이 주는 편리함을 제대로 누리는 방법도 모르고 누리지도 않으면서, 일단 돈이 주는 편리함을 미리 내 것으로 갖고 있으려고 하고, 남의 편리함이라도 더 가지려는 욕망에 사로잡히지.

생각해보면 내게 더 필요한 돈이란 없다. 가진 돈에 맞춰서 살면 되는 것일 뿐. 돈의 속도는 느린데, 마음의 속도가 빨라서 생기는 문제들이란다.

돈 빌려달라는 친구에게 어떻게 말하나요?

돈은 빌려주는 게 아니고, 빌리는 것도 아니란다. 돈은 생명이고, 돈은 네 밥이라고 생각해야 한단다.

물론, 돈이 필요한 친구가 있고, 돈이 있어야 현재의 어려움 속에서 빠져나올 수 있는 사람도 있단다. 그럴 땐 돈을 그냥 줘버리는 게 좋다. 받을 생각하지 말고 주렴.

그 대신 네가 가진 돈을 100원이라고 생각했을 때, 최대한 30원이 넘으면 안 된단다. 네가 네 돈을 주고도 네가 살아가는데 불편이 없어야 한다는 조건을 지키라는 뜻이다.

반면, 투자는 돈을 빌려주는 것과 다르지. 돈을 투자할 때는 반드시 돈을 잃어버리지 않기 위해 노력해야 한단다. 그 노력은 돈을 투자하기 직전까지 계속 공부하고 알아보고 하는 과정이란다.

투자라 할지라도 돈이 일단 네 손을 떠나게 되면 다음에 다시 네 손에 들어온다는 보장이 없단다.

오늘 네가 이렇게 말했지.

"자가 부러졌는데, 테이프로 붙여 사용하고 있어요."

계속 사용하다가 정말 못 쓰게 된다면 그때 다시 새 것으로 사라고 대답했지만, 너는 새 자를 사고 싶은 마음이 더 컸는지 "자가 이렇게 휘어서 사용하기 어려워요"라고 말하더구나.

사랑하는 아이야, 네가 갖고 있는 물건은 최대한 오래도록 사랑해주렴. '사랑'이란 불편한 것도 좋게 생각해주는 거란다. 네가 버리면 그 자는 바로 쓰레기통으로 가서 사라지게 될 운명이란다.

친구끼리는 돈을 빌려주면 나쁜 돈이 될 수 있다

친구가 너에게 돈을 빌려달라고 했다면, 친구가 왜 돈이 필요한지를 들어보렴. 학용품을 새로 사기 위해서인지, 아니면 다른 일이 있어서인지. 학용품을 새로 사고 싶다고 말한다면 너는 돈을 빌려주지 않아도 된다. 너는 이미 고쳐 쓰는 법을 알고 있으니 말이다. 돈 대신 네가 쓰는 자를 보여주거나 자가 더 있다면 그걸 빌려주는 게 좋단다.

사실, 친구끼리는 돈을 빌려주고 돌려받는 일은 안 하는 게 가장 좋다. 돈이란 그 성격이 자주 변해서 좋은 친구 사이를 갈라지게 하는 나쁜 돈이 될 수 있단다. 돈은 사람에 의해 쓰이고 나서야 본색이 드러나게 되니까.

친구에게는 돈을 주지 말고 사랑을 주렴

친구가 정말 큰일이 생겨서 네게 돈을 빌려달라고 한다면, 음식을 나눠먹듯 네게 여유 있는 돈을 빌려주고, 받을 생각을 하지 말렴. 사랑은 대가를 바라지 않고 주는 거란다. 돈을 주지 말고, 사랑을 주렴.

돈을 사랑으로 만드는 건 네가 할 일이란다. 돈을 주면 되돌려받기 위해 계산하게 되지만, 사랑을 주면 대가를 바라지 않고 내 마음이 행복해진단다.

친구가 돈을 빌려달라고 할 때, 네가 가진 돈 중에 '누군가에게 그냥 줘도 되는 돈'이 있는지 먼저 생각하고, 그렇지 않다면, 그 친구가 왜 돈이 필요한 걸까, 생각해 보렴.

친구가 네게 돈을 빌려달라는 이유가 나쁜 일에 쓰기 위한 것이라면 거절해도 좋다. 또 네가 친구에게 돈이 필요한 이유를 이해하지 못하겠다면 거절해도 된다. 지금 거절하면 친구 기분이 불편할 수 있지만, 나중에 돈 때문에 생길 수 있는 더 큰 불편을 막을 수 있단다.

돈을 갖고 다니니까 자꾸 쓰게 되요

돈은 '좋은 돈'이건 '나쁜 돈'이건 누군가로부터 탈출 본능이 있단다. 한 사람에게만 머무는 게 아니라 여기저기 다른 사람 주머니로 가려고 하고, 다른 사람에게 가려고 한단다. 호기심 많은 돈, 돈의 호기심이 주는 좋은 점과 나쁜 점을 말해줄게.

돈은 주머니 대신 지갑에

우리가 쓰는 돈은 동전이나 종이돈처럼 직접 들고 다니는 돈도 있지만, 신용카드, 교통카드, 핸드폰으로 사용하는 또 다른 돈도 있다. 갖고 다니는 돈이 아니어도 내가 가진 돈은 어디선가 쏜살같이 빠져나가는 것이지.

예를 들어, 핸드폰으로 전화 걸기, 핸드폰으로 계좌이체, 물건 사고 결제하기, 교통카드로 전화 걸기 등, 현금을 직접 쓰지 않아도 돈을 쓰는 방법은 아주 많단다. 주머니에 넣고 다니는 불편함을 없애기 위해 돈은 핸드폰으로, 카드로 자리를 옮겼고, 이제는 카카오페이, 네이버페이, 애플페이 등 인터넷에서도 쉽게 돈을 쓸 수 있지.

돈을 아껴 쓰려면, 현금만 돈이라고 생각하면 좋다. 눈에 보이지 않는 돈은 지금 내 손에서 나가지 않으니까 쉽게 써버리는 경향이 있거든.

우리가 하루에 쓸 돈은 교통비, 식사비가 전부라고 생각하면 좋단다. 왜냐하면, 다른 돈은 굳이 쓰지 않아도 되고, 갖고 있으면 자꾸 쓰고 싶은 마음이 생기고, 결국 쓰기 때문이야. 물론 가까운 거리만 다닌다면 걸어다녀도 되므로 교통비도 절약할 수 있지.

돈을 주머니에 넣고 다니면 언제든지 주머니에 손만 넣으면 만질 수 있게 되니까 돈 쓸 일이 많아진단다. 이 경우엔, 지갑을 사용하도록 해보자. 지갑에 담긴 돈은 꺼내기 어렵기 때문이야. 주머니에 찰랑거리는 돈이 느껴지면 쓰고 싶은 유혹이 생기거든. 더 큰돈을 쓰게 만드는 원인이지. 돈을 가지고 다니되, 계획 없는 돈은 안 쓰기 위한 마음관리가 중요하단다.

돈 안 쓰기 마음가짐을 정리해줄게

- 돈은 없다 생각하렴. 돈을 잊으면 돈을 쓸 일도 생기지 않는단다.
- '내 돈 아니다라'고 생각하기. 남의 돈이라고 생각하면 함부로 쓸 수 없겠지.
- 배고플 때 먹고, 힘들 때 타기. 불필요한 돈 쓰기를 막자는 의미이다. 꼭 필요할 때만, 참다가 못 참을 때 쓰는 법이란다.
- 주머니에 가진 돈이 있다면 기부하기. 주머니 속에서 찰랑거리는 잔돈이나 동전이 있다면 불우한 이웃에게 기부하자. 기부 전용 저금통을 마련해 동전을 넣었다가 연말에 한 번씩 기부하는 것도 좋은 방법이지.

부자일수록 작은 돈을 소중히 여긴다

네가 돈을 모으고 쓰다 보면, 큰돈을 좋아하게 되고, 작은 돈은 소홀히 할 수도 있단다. 10원, 50원, 100원짜리 동전의 중요성에 대해 이야기해줄게.

외국에서 한 교수가 실험을 했대. 그 나라에서 가장 큰 부자들에게 모 은행이라고 말하며, '당신의 은행 예금 가운데 우리 은행에서 10센트(약 100원)를 보관하고 있으니 직접 와서 찾아가라'고 했다는 거야.

그것도 한 번이 아니라 몇 센트씩 여러 번 귀찮게 하며 실험을 했던 거야. 결과가 어땠을까? 모든 부자들이 직접 찾아와서 단 1센트라도 챙겨서 돌려받아 갔다고 하는구나. 부자일수록 작은 돈을 소중히 여긴다는 연구결과인 셈이지.

동전을 만드는데 들어가는 돈은 얼마나 될까. 10원짜리는 10원어치 재료가 쓰인 게 아니란다. 한국은행에 따르면 10원짜리 동전을 하나 만드는데 30~40원이 들어간다고 하는구나. 무려 3배 이상이 드는 거지.

한 해 동안 동전이 만들어지고 사라지는 규모가 엄청나다고 해. 10원짜리 동전을 우습게 여겨서 버리면 엄청난 액수의 돈이 버려지는 셈인 거지.

1,000원을 하루 용돈으로 정하고 쓰던 네가 하루에 100원씩 아껴보니까 900원을 쓰고 100원이 남았지. 그랬더니, 어떤 일이 벌어졌니? 넌 10일 뒤에 다시 1,000원이 생겼어. 예전엔 10일간 쓸 수 있던 돈이 이제 하루에 100원씩 절약했더니 11일을 살 수 있게 된 거란다.

네가 가진 돈 1,000원은 어떻게 사용하느냐에 따라 100원씩 남겨서 하루를 더 쓸 수 있다. 이런 게 바로 돈 절약의 기술이란다.

제3부

돈은 너의 손도 되고
발도 되고
날개도 만들어 준다

은행에서 저금은 어떻게 하나요?

은행에는 어린이를 위한 상품이 많이 있단다. 엄마 아빠는 네가 아직 어리니까 은행에 직접 거래는 안 해도 된다고 말하고 싶지 않아. 오히려 네게 맞는 은행 상품을 알고 이용하라고 말하고 싶구나.

요즘은 은행에 가지 않고 비대면으로 거래가 이루어지지만, 어린이는 은행에 가서 통장을 만들고 직접 거래하는 게 좋단다. 은행에 돈을 저금할 때에도 생기는 돈을 무조건 저금하는 것보다는 어린이가 할 만한 상품의 종류를 물어보고 네게 필요한 상품으로 시작하는 게 좋단다.

어린이에게 좋은 금융상품을 설명해줄게. 짧은 기간 동안만 저금할 것이면 은행이나 증권회사를 가도 돼. 그러나 오래도록 저금할 계획이라면 생명보험회사에 저금을 하는 게 좋단다. 매월 정해진 날짜에 넣는 정기적인 저금이 아니라 돈이 생길 때마다 저금하고 싶다면 CMA나 MMF같은 저금 상품이 좋다.

CMA(Cash Management Account)란 저금하는 사람이 맡기는 돈을 CP(기업어음), CD(양도성예금증서), 국공채 등에 투자해서 번 돈을 저금한 사람에게 돌려주는 방법이란다. 통장으로 저금하는 것이고, 네가 짧은 기간 동안만 저금한다고 해도 기대보다 높은 이자를 받을 수 있는 방법이란다.

은행에 저금하는 방법은 네 신분증을 들고 가면 되는데, 네가 아직 나이가 어리니 엄마 아빠 중에 부모가 따라가서 네 이름으로 통장을 만들어 달라고 신청하는 거란다. 은행 통장에는 네 이름이 새겨지고 네 이름이 적인 도장을 찍거나 네 이름을 서명해 두면 통장이 만들어지지.

통장을 만들거나 계좌번호를 갖게 되면 그 다음부턴 돈과 통장을 들고 은행에 가서 은행 직원에게 주면 네 돈을 받은 만큼 통장에 적어준단다. 또는, 너 스스로 입금 기계 앞에서 통장 먼저 넣고, 돈을 입금할 수도 있지.

저금하는데 너무 어려운 말이 많아요

은행에 다녀온 너의 이야기를 들으며 어린이들이 은행 이용하기 어려운 점을 생각했단다. 어른들 위주로 된 은행 용어 때문에 어린이들이 은행에 가려고 해도 어떤 상품을 어떻게 저금해야 하는지 잘 모르겠다는 네 말이 이해되더구나.

오늘은 어린이를 위한 은행 용어 설명을 해줄까 한다.

가계금전신탁 (Household Money in Trust)
손님이 맡긴 돈을 어떻게 사용할 것인지 방법을 미리 정해두지 않아. 손님이 맡기는 돈의 활용 기간을 정해두고, 그 기간이 다 되면 투자한 결과에 따라 은행이 받기로 한 수수료를 제외하고 손님이 맡긴 돈과 그 이익을 돌려주는 저축 방법이야.

가계장기신탁 (Long-term Household Money in Trust)
손님의 돈을 맡을 때 투자 등의 사용 기간을 3년 이상으로 정해두고, 한 가족이 1개의 상품으로 제한을 둬서 활용되는 저축 방법이야. 은행이 손님의 돈을 맡아두는 기간 동안에 발생하는 이자에 대해서 나중에 세금을 내지 않아도 되는 상품이지.

개발신탁 (Development Money in Trust)
은행 등의 저축기관에서 손님들 대상으로 금액을 표시한 표를 팔아서 그 돈으로 투자할 돈을 만드는 방법이야. 이자는 미리 정해두고 오랜 기간 동안 투자 등으로 활용되는 저축상품이지.

개인연금신탁 (Personal Pension Trust)
손님이 나중에 나이가 들어서 생활을 편하게 하기 위해 은행에 맡겨두는 저축 방법이야. 손님과 은행과의 저축 조건에 따라 정해진 기간 이후부터 돈을 맡겨왔던 손님에게 일정 금액만큼씩 되돌려주는 저축상품이지.

국채 (Government Bonds)
정부가 국회의 동의를 받아서 나라에 필요한 자금을 만들기 위해 사람들에게 판매하는 것. 기간을 정해두고 나중에 다시 사들이게 되는 증권같은 것이지.

금융채권 (Financial Debentures Issued)

은행, 증권사, 투자금융회사 등 금융기관이 발행하는 채권.

금전신탁 (Money in Trust)

손님으로부터 돈을 맡아서 사람들이나 기업에게 돈을 빌려줘. 또는 채권 등으로 적절하게 투자를 하여 얻은 이익을 다시 돈을 맡긴 사람들에게 돈으로 되돌려주는 방법을 말한단다.

당좌예금 (Cheking Deposits)

은행이 돈을 저축하는 사람의 요구에 따라 저축의 일부 또는 전부를 언제든지 지급할 것을 약속하는 저축방식. 돈을 저축한 사람이 지급을 요구할 때는 반드시 수표 또는 어음을 발행하도록 되어 있단다.

보증보험 (Gurantee Insurance)

개인이나 회사가 경제 활동을 하면서 돈이나 건물이나 땅 등의 부동산을 담보로 해야 할 때가 있어. 또는 보증할 사람이 필요한 경우도 생기지. 이때 보증보험회사에 보험료를 내고 가입하는 보험으로 담보나 보증인을 대신할 수 있지.

보통예금 (Passbook Deposits)
요구가 있으면 언제든 돌려주는, 조건이 자유로운 저축 방식.

보험금 (Claims Paid)
보험회사가 손님과 맺은 약관에 따라 보험을 든 사람에게 지급하는 돈.

복리정기예금 (Time Deposits with Compound Interest)
예금에 대한 이자를 계산하는 방법이 매월을 기준으로 이자를 정하는 시점에 있는 돈에 이자를 정하는 저축방식.

은행계정 (Banking Account)
은행이 예금과 대출이라는 고유 업무를 손님과 거래하기 위한 각 손님별 은행계좌.

정기예금 (Time Deposits)
일정한 이자를 받기로 하고 돈을 맡기는 손님이 미리 정하는 기간 안에는 돈을 돌려달라지 않는 저축 방식.

정기적금 (Installment Deposits)

일정한 기간을 정하여 그 기간 중에는 매월 정해진 날짜에 약속한 금액을 저축하는 방식.

투자상담사 (Investment Counselor)

증권회사에서 일하는 사람으로, 유가증권의 매매나 유가증권을 팔고 사기를 권유하는 일을 하는 사람들을 말하지.

저금은 은행에만 해야 하는 게 아닌가요?

은행은 사람들에게 돈을 받아서 투자 등으로 돈을 더 늘리고, 이 돈을 회사나 개인에게 빌려준단다. 빌려준 돈의 이자를 받고, 주식에 투자하는 등으로 번 돈을 다시 돈을 맡긴 사람들에게 나누어주는 일을 하지.

이런 일을 하는 곳은 예금은행, 신탁회사, 보험회사, 상호신용금고 등 다양한 형태가 있단다. 따라서 반드시 은행이라고 이름이 붙은 곳에만 저금을 할 수 있는 건 아니야.

은행의 종류 가운데 나라에서 관리하는 가장 높은 은행을 중앙은행이라고 한단다. 우리나라의 경우는 '한국은행'이 중앙은행인 것이지. 우리나라의 금융 질서를 관리 감독하기 위해 한국은행법률에 의해서 설립된 곳이야.

우리나라의 중앙은행인 한국은행 외에 은행법에 의해 설립되어 이익을 추구하는 곳을 '은행'이라고 부르는데 SC제일은행, 우리은행, KB국민은행, 신한은행, 외환은행, 씨티은행, 하나은행 등이 있다.

요즘은 일반 은행처럼 창구를 가지고 있지는 않지만 비대면 인터넷상에서만 은행 업무를 하는 카카오뱅크와 케이뱅크도 있지.

일반적으로 '은행'이라고 부르는 일반 은행들이 사람들이 필요한 자금을 충분히 공급하지 못하는 국민 경제의 특정 부문이 생길 경우, 이러한 자금을 전문적으로 공급하기 위해 설립된 특수은행도 있어. 일반 은행과 같이 예금 업무도 수행하지만 상업 금융의 취약점을 보완하는 업무를 주로 맡고 있단다.

특수은행으로는 IBK기업은행, KDB산업은행, 한국수출입은행, 농협(중앙회), 수협(중앙회), 축협(중앙회) 등이 있단다.

통장에 내가 모르는 돈이 들어 왔어요

은행에 다녀온 네가 고개를 갸웃거리며 통장을 쳐다보더구나. 엄마 아빠에게 통장을 내밀며 네가 저금한 돈이 아닌데 은행에서 잘못 계산한 것인지 돈을 더 줬다고 했지?

그건 바로 '이자'를 말한단다.

'이자'에 대해 알아보자. 이자란 '신용' 또는 '화폐'를 사용한 대가로 받는 것이야. 정기적으로 일정액의 이자를 무한정으로 지불하는 방식이 있고, 약정된 기간에 정기적으로 일정액을 지불하고, 만기에는 보다 많은 액수를 지불하는 이자 지급 방식도 있다.

가령, a1, a2,……an이라고 할 때, 1, 2,……n년 동안에 채권을 가진 사람이 받는 금액이고, P0가 0년의 현재 화폐가치라면 전체 거래의 이자율은 다음과 같이 나타낼 수 있다.

$$PO = a1(1+r)^1 + a2(1+r)^2 + \cdots\cdots + an(1+r)^n$$

매년 a를 지불받는 영구채권의 경우에 수식은 다음과 같다(여기에서 r = a/PO).

$$PO = a\ [(1+r)^1 + (1+r)^2 + \cdots\cdots\infty] = a/r$$

이자 비율은 경제의 성장 비율과 같이 이해한단다. 이자율은 상품의 가격이나 물건의 교환도 아니고, 금융 시장에서 저절로 결정되는 것도 아니란다.

예를 들어 1년 내내 100원을 내야하는 이자 조건일 때, 현재 이것을 100원을 주고 산다면 이자율은 0%인 셈이다. 그런데, 만약 95원에 산다면 이자율은 5%보다 약간 더 높아질 것이고, 90원에 산다면 이자율은 약 11%가 될 것이지.

사랑하는 아이야, 네가 은행에 돈을 저금하고 너도 모르게 들어온 돈 즉, '이자'란 건 위와 같은 계산에 의해 너한테 은행이 지급한 돈이란다.

그럼, 이자는 다 같은 계산 방식으로 정해질까?

1월부터 그 다음 해 1월까지 월 30만원씩 이자율 7.2%짜리 적금을 부어서 만기에 돈을 돌려받으면 이자는 얼마나 될까?

매월 정해진 일자에 정해진 금액을 넣는 정기적금이란 저축방식에 있어서 이자 계산은 아래와 같이 한단다.

저금하는 돈×기간(월)×(기간(월)+1)/2 ×이율(연 이율)/12개월

따라서, 월 30만원, 금리 연 7.2% 짜리 적금이라면, 300,000 × 12 × (12+1)/2 × 0.0072/12 = ₩140,400 원이 된단다.

손님이 은행에 예금을 하게 되면 기간과 이율을 정해서 손님에게 이자를 준단다. 정기예금의 경우엔 1회차에 맡긴 돈을 만기 때까지 맡기기 때문에 저축액 전체에 대해 연이율을 적용한단다.

하지만 적금은 다르다.

처음 낸 금액은 12개월 동안 유지되므로 1년 이율이 적용되지만, 2회차에 낸 돈은 연이율의 11개월 기간으로 계산해서 이자를 지급해. 3회차, 4회차에 저축하는 돈도 각각의 이율이 다 다른 것이지.

가령, 2회 적금액에 대해서는 11개월(연이율 × 11/12)로 계산되

고, 3회 적금액에 대해서는 10개월분(연이율 × 10/12)으로 계산하는 방법이지. 따라서 12회 불입액에 대해서는 1개월분(연이율 × 1/12)을 적용하게 되는 거야.

그리고 이렇게 이자가 생기면 이자소득에 대해 나라에서 거두는 세금이 있어. 이 세금을 네가 맡긴 돈에 붙은 이자에서 빼야만 그때서야 은행에 돈을 맡기고 이자를 받는 순수한 이자가 정해진단다.

예를 들어서, 예금 및 적금 등의 상품을 통해서 얻은 이자소득에서 소득세를 내고 소득세의 일정 %를 주민세로 내게 돼. 세금우대를 받는 사람도 있어서 이 경우, 소득세와 농어촌특별세만 내면 된단다.

이자소득에 대해 세금을 안 내도 되는 '비과세'가 있는데, 신협이나 새마을금고, 단위농협 같은 경우 1인당 얼마의 금액을 기준으로 농어촌 특별세만을 세금으로 내라고 하기 때문에 일반 과세나 세금우대보다 이자가 많은 것이지.

돈을 빌려간 친구가 전학 갔어요

사랑하는 아이야. 오늘 학교에 다녀오는 너의 어깨가 축 처진 모습을 보니 무슨 일이 있었구나 생각을 했단다. 즉시 물어보지 않고 네가 먼저 말할 때까지 기다렸지.

저녁 식사를 하면서 네가 말하길 '돈을 빌려간 친구가 있었는데 전학을 가서 연락이 안 된다'고 하더구나. 돈이 없어졌다는 생각보다 믿음을 줬던 친구에게 속은 것 같아 속이 상했는지 눈물을 글썽였지. 지켜보는 아빠 엄마도 마음이 슬펐단다.

중국에서는 돈에 있어서는 아무리 나이든 사람이라도 어린 사람에게 머리를 조아린다고 한다.

유태인들은 돈에 대해 이런 생각을 가지고 있지. '돈이란 악(惡)도 아니고 선(善)도 아니다.' 돈이란 그 자체로 아름다운 것이며 편한 것이란 뜻이다.

중국인들의 특별한 돈 사랑, 유태인들의 돈에 대한 찬사를 뒤로 하고, 우리는 어떤가를 생각해 보자.

당신은 마음이 착한 사람인가?라는 물음에 '예'라고 대답한다면 지금 당장 장사를 때려치우고 직장에 다니라고 말한단다. 직장인이라면 앞으로 장사를 하거나 사업을 하겠다는 생각을 버려야 한다고 주장하지.

무슨 말이냐 하면, 착한 사람이 복을 받아 성공하는 것은 옛날 동화 속의 허구일 뿐이고, 적어도 장사에는 통하지 않는 말이라는 것이지. 중국인과 유태인들뿐 아니라 세상 사람들이 돈에 대해서 어떻게 생각하고 행동하는지 설명하는 말이란다.

친구에게 돈을 빌려줬는데, 그 친구가 너에게 말 한 마디 없이 전학을 갔다면 너의 마음이 속상할 거야. 그 친구에게 속은 기분도 들 것이고, 너 자신이 바보 같다는 생각도 할 수 있어. 그건 나쁜 게 아니라 당연한 거란다.

이렇게도 생각해보렴. 중국인이건 유태인이건 한국인이건, 누구나 다 돈을 한 푼이라도 더 얻으려고 노력한단다. 좋은 돈과 나쁜 돈을 구분하지 않고 무조건 가지려고 하지. 그러나 돈은 사람을 속이기도 한단다.

세상엔 좋은 돈과 나쁜 돈이 있는데, 나쁜 돈이었다면 그 돈이 건너간 사람 주머니에 쏙 들어가서 다시 돌아오지 않는단다. 나쁜 돈은 자기를 가진 사람을 유혹해서 너로부터 멀리 떠나라고 하지. 자기를 돌려주지 말라고 그 사람을 유혹하고 자기를 멀리 데려가 달라고 한단다.

그러니까 사람이 나쁜 게 아니라 돈이 나쁜 거란다. 나쁜 돈이 만약에 너에게 다시 돌아오더라도 언제든지 다른 사람에게로 도망갈 궁리만 하고 있을 거야.

하지만, 좋은 돈이라면 남에게 갔을지라도 언제든 너를 기억하고 너에게 다시 돌아온단다. 돌아올 때는 좋은 돈의 친구까지 같이 오지. 너에겐 그런 좋은 돈만 모이게 된단다.

친구가 아니고 나쁜 돈을 미워해야 해

그럼, 우리 어떻게 생각해야 할까?

친구를 속이고 네게서 도망간 나쁜 돈을 미워해야 하겠지? 친구는 오히려 위로를 받아야 한단다. 나쁜 돈에게 속은 친구는 잘못이 없어.

사랑하는 아이야.

이번 기회에 네게 숨어있던 나쁜 돈이 멀리 떠나갔다고 생각하렴. 네겐 좋은 돈만 남았다고 생각하렴. 나쁜 돈은 '눈물'을 부르지만 좋은 돈은 '웃음'을 가져온단다.

사랑하는 아이야,

앞으로 돈은 남에게 빌려주지 말고, 다른 사람을 위해 이 사람이 돈을 갚을 사람이라는 의미인 '보증'도 서주지 말렴. 보증을 설 바에야 차라리 돈을 빌려주고, 돈을 빌려줄 땐 그냥 주렴. 너를 떠나려는 나쁜 돈은 하루라도 먼저 떠나보내는 게 좋단다.

Part B.

채권/주식/펀드 &
암호화폐(가상화폐)와 NFT

제1부
Hello, MONEY!

"이제부터 용돈을 줄 거니까 한 달 동안 어떻게 쓸진 네 마음대로 해."

아침 식사를 하던 중 식사를 마친 아빠가 석준에게 말했다. 아무 말 없이 고개를 숙이고 밥을 먹던 석준의 얼굴이 환해졌다.

"진짜요? 네! 감사합니다."

"왜? 좋아?"

"네. 사실 저도 쓰고 싶은 돈이 있는데 아빠한테 매번 달라기도 그렇고, 일일이 설명하기도 어려워서 불편했어요. 친구들이 나한테 음료수를 사줘도 다음엔 내가 사야하는 건데 그 순간에 가진 돈이 없으니까 친구들에게 자꾸 미안했거든요."

아빠는 석준의 얼굴을 바라보며 아무 말이 없었다. 식사를 마친 아빠는 식탁에서 일어서서 거실로 갔다. 석준도 식사를 마치고 식탁에서 일어섰다. 자기가 먹은 밥그릇을 직접 들고 싱크대에 가서 내려놓고 물을 부어 채운 후, 석준은 거실로 나와서 아빠 옆으로 왔다.

"한 달에 6만 원."

"네? 너무 작아요."

"넌 초등학교 6학년이니까."

"그래서 6만 원이에요? 그럼, 중학교 1학년 되면요? 1만 원이에요?"

"그땐 7만 원."

석준이 아빠를 보며 황당하다는 표정을 지었다.

"1년에 만 원씩 올라가요? 저도 사실 쓸 데가 많아요. 학용품도 사야 하고, 친구들 음료수도 사야 하고, 그렇잖아요. 아빠, 돈 더 줘요. 10만 원 정도면 좋겠어요."

"NO!"

"그럼, 9만원부터?"

"안 돼!"

"알았어요. 8만 원. 8만 원부터 해요. 학원 다니느라 차비만 해도 한 달에 3만 원은 쓰는데 6만 원은 너무 작아요."

아빠가 안방으로 들어갔다. 출근 준비를 하려는 중이었다. 석준은 엄마가 주방에 있는 걸 확인하고 서둘러 아빠 뒤를 따라 안방으로 들어갔다. 아빠는 석준이가 용돈을 올려달라며 안방까지 따라 들어오는 걸 알고 있었지만 아무 말을 하진 않았다.

"아빠, 알았어요. 그럼, 6학년이니까 7만 원부터 해줘요. 한 달에 차비 3만 원인데, 나머지 3만 원이면 하루에 천 원이라는 거잖아요? 6학년이 이 정도 금액은 너무 작아요."

아빠가 석준을 쳐다봤다. 화를 내는 표정은 아니었다. 입가에 살짝 미소를 머금은 아빠는 석준의 얼굴을 보며 말했다.

"차비는 하루에 얼마를 쓰시나요? 석준님?"

"버스나 지하철이 하루에 약 1,200원 정도예요. 왕복이면 2,400원이에요."

"학원에 갈 때 버스나 지하철을 매일 타나요?"

"아뇨, 가끔요."

석준의 목소리가 작게 들렸다. 아빠는 출근 준비를 마치고 거실로 나왔다. 석준도 따라 나왔다. 아빠는 신발장 쪽으로 걸어갔다. 석준은 자기 방으로 들어가서 서둘러 가방을 메고 나왔다. 엄마도 아빠를 배웅하러 신발장 쪽으로 다가왔다.

"학교까진 머나요?"

"아뇨. 걸어서 20분이면 충분해요."

"버스나 지하철은 그럼 왜 타나요?"

"… 늦게 일어났을 때요."

"조금 일찍 일어나면?"

"걸어 다녀도 돼요."

"Good!"

아빠는 활짝 웃었다. 그리고 석준의 머리를 쓰다듬었다. 석준은 엄마에게 학교에 다녀오겠다는 인사를 하고는 아빠를 따라 집을 나섰다.

석준이 현관문을 열고 나서는 동안 아빠와 엄마는 서로 바라보며 석준 모르게 눈빛을 교환했다. 엄마의 입가에도 미소가 번졌다.

"석준아, 매월 10일이 네 용돈 주는 날이다."

아빠와 집을 나서는 석준의 등 뒤에서 엄마의 기운찬 목소리가 들렸다.

사실, 아빠랑 엄마는 석준이 모르는 사실 하나를 더 알고 있었다. 석준의 핸드폰 요금이 지난달에 비해 몇만 원이 더 늘어났던 것이다.

석준의 핸드폰 요금이 큰 폭으로 늘어난 걸 확인한 아빠가 이동통신사로 문의를 했다. 아빠는 고개를 끄덕이며 전화를 끊었다. 그리고 집에 와서 엄마랑 이야기를 나눴다.

석준의 핸드폰 요금이 큰 폭으로 늘어난 문제는 게임 결제 때문이었다. 게임에서 다른 사용자들보다 기술력을 높이거나 게임을 더 잘하려면 게임에서 사용하는 '아이템'을 사야 했는데, 이 금액이 최소 몇만 원에 달했다. 석준이 결제한 금액은 9만 원이었다. 전화요금에 합산되어 결제하는 방식으로 결제한 탓에 한 달이 지나서야 결제 사실을 알 수 있었다.

엄마와 아빠는 석준을 불러 따끔하게 야단을 쳐야할지 어떻게 해야할지 대화하다가 결국 용돈을 주는 방식으로 정했던 것이다. 우선, 이동통신사에 요청해서 핸드폰 요금으로 결제하는 모든 서비스를 금지해달라고 요청했다. 데이터 이용료 역시 한도가 넘어가면 중단되게 해달라고 했다.

석준은 이제부터 한 달에 한 번 받는 용돈의 범위 내에서 자기가 쓸 돈과 저축할 돈을 정해야 했다. 석준의 한 달 생활비가 지급되기 시작했다.

금융이 뭔가요?

"다녀왔습니다."

학교를 마치고 돌아온 석준이 자기 방으로 들어갔다. 얼마나 지났을까. 석준은 방에 들어온 이후 줄곧 책상 앞에 앉은 상태였다.

"아, 머리 아파."

한 달 용돈 6만 원이면 얼마를 쓸 수 있는지 계산하던 석준의 머릿속이 복잡해졌다. 아침에 아빠와 이야기한 것처럼 교통비를 쓰면 하루에 2,400원씩 쓰게 된다. 하지만 조금 일찍 일어나서 걸어서 학교에 가면 안 써도 되는 돈이었다. 그럼, 다시 6만 원에서 한 달에 쓸 돈과 남길 돈을 생각해 봤다.

친구들하고 가끔, 그러니까 일주일에 한 번은 축구를 하고 나서 음료수를 사 먹어야 하니까, 한 번에 1천 원씩 3명에게만 사준다고 해도 3천 원씩 4주 동안 1만 2천 원이 필요했다. 그럼, 남는 돈은 4만 8천 원. 이 돈 중에서 학용품으로 샤프나 지우개를 살 수도 있는데 샤프는 샤프심을 자주 부러뜨리니까 500원씩 하는 샤프심을 자주 사야 하고, 샤프는 가끔 뚜껑을 잊어버리니까 그 때마다 새로 산다면 2천원이나 3천원을 써야 했다.

"그럼, 게임 아이템은?"

석준의 눈빛이 다시 빛났다. ㅇㅇ크레프트, ㅇㅇ아케이드, ㅇㅇ력자, ㅇㅇ오브워 같은 게임을 하려면 최소 몇천 원에서 몇만 원짜리 아이템들이 있었다. 하지만, 한 달에 6만 원을 받는 입장에서 게임 아이템 하나만 사도 그 달은 마이너스 생활이었다. 매번 이 부분에서 석준의 머릿속이 복잡해지는 중이었다.

"더 아낄 거 없을까?"

석준은 게임 아이템을 사기 위해 돈을 준비하려면 학용품이나 먹는 돈 중에서 줄여야 한다고 생각하고 안 써서 줄일 만한 부분을 찾기에 집중했다.

친구들과 음료수를 안 먹으면 한 달에 4번, 1만 2천 원을 절약할 수 있었다. 하지만, 친구들과 축구하는 게 재미있는데 그걸 줄이면 안 될 것 같았다. 그럼, 샤프심이나 지우개를 안 사면 되겠는데 샤프심이 부러지면 사야 하니까 이것도 불가능했다. 6학년인데 연필을 깎아가며 공책에 연필로 필기 하긴 싫었다.

"아빠 나빠. 으으. 어떻게 하지? 돈을 줄일 게 없어. 아빠한테 더 달라면 안 줄 텐데. 엄마한테 몰래 달라고 그럴까? 아, 하필이면 게임 아이템 산 걸 들켜가지고."

그때였다. 뭔가 갑자기 생각난 석준은 갑자기 컴퓨터를 켰다.

"맞다. 인터넷 검색을 해야지. 돈을 잘 벌려면 어떻게 해야 할지 나와 있을 거야. 돈이 부족하니까 돈을 벌어야지."

석준은 인터넷을 접속하고 검색창에 글을 입력했다.

'용돈 많이 받는 법'

'용돈 버는 법'

'용돈벌기'

검색결과를 보던 석준의 시선이 한 곳에 집중되었다. 용돈에 관한 이야기는 아니었지만 분명 그건 '돈을 불리는 법'이었다.

'돈을 불리다니?'

석준은 찬찬히 내용을 읽었다. 석준이 찾아낸 내용은 이랬다.

돈이란 물건의 가치를 말하는데, 실제로 물건을 주고받는데 어려움이 많으므로 이를 대신할 돈을 만들었다. 돈을 주고받으면서 물건을 사고팔 수 있으며 동시에 돈으로 돈을 사고팔 수도 있다는 내용이었다. 돈을 사고파는 걸 가리켜 '금융'이라고도 부르는데 미래 부자가 되려면 반드시 금융에 대해 알아둬야 한다는 이야기였다.

"금융? 그게 뭐지?"

그날 저녁.

석준은 방에서 공부를 하면서도 온 신경은 현관문 쪽으로 향하고 있었다. 아빠가 귀가하는 인기척이 들렸다. 석준은 얼른 방에서 나와서 현관문 쪽으로 달려갔다.

아빠였다. 엄마가 아빠의 가방과 옷을 받아서 안방으로 들어간 후 석준은 아빠랑 거실 소파에 앉았다.

"아빠, 금융이 뭐예요?"

아빠가 석준을 쳐다봤다. 마침 엄마가 주스 한 컵을 가져왔다. 아빠는 엄마가 건넨 주스를 한 모금 마시고 소파 앞 테이블 위에 올려놓았다. 그리고 석준을 쳐다봤다.

"금융이란 건 돈을 주고받는 걸 말하지. 대표적인 예로 은행에서 사람들의 돈을 맡아뒀다가 누군가 돈을 빌리러 오면 이자를 받고 돈을 빌려주는 걸 말해."

"돈을 빌려줘요? 아, 그럼 그건 주는 게 아니네. 갚아야 되는 건데."

"응? 아하, 석준이 너 용돈이 적어서 어떻게 하면 돈을 많이 벌까 하다가 금융에 대해 들었구나?"

"네. 금융이란 걸 하면 돈을 더 벌 수 있대요. 아빠, 나 금융 하고 싶어요."

아빠는 석준의 얼굴을 보며 다시 입을 열었다.

"돈을 더 벌면 뭐하게?"

"돈을 더 벌면…, 벌면."

석준이 대답을 망설였다. 하지만 이내 다시 아빠를 쳐다봤다. 아빠는 입가에 미소를 머금고 석준을 바라보았다. 석준은 아빠의 표정을 살피며 작은 목소리로 말했다.

"게임 아이템을 더 많이 살 수 있어요!"

"그렇구나. 게임 아이템을 더 많이 사면?"

"게임을 더 잘할 수 있어요. 다 이기고 순위도 높아지고요."

"다 이기고 순위도 높아지면?"

"네? 기분 좋죠. 이겼으니까."

"기분 좋으면 그 다음엔?"

"그 다음요?"

석준은 아빠를 쳐다봤다. 게임에 이기려면 아이템을 좋은 걸 가져야 하고, 돈을 더 벌어서 게임 아이템을 사면 게임을 잘하게 되는 거고, 그러면 기분이 좋아진다는 건데 뭘 더 어쩌란 것인지 아빠가 자기 말을 이해하지 못한 건 아닌지 당황스러웠다. 아빠는 여전히 미소를 머금은 얼굴이었다.

아빠는 석준에게 화를 내지 않았다. 석준이 생각해보면 아빠는 항상 석준에게 이래라저래라 하기보다는 석준이에게 질문을 던졌다. 대화하면서 석준이가 스스로 생각하고 판단하기를 유도했던 것이다.

"응, 그 다음엔?"

"다른 게임 또 해야죠. 거기서도 게임 아이템 사고요."

"그리고 그 다음엔?"

"또 새로운 게임이 나오니까 재미있는 게임을 또 하고 또 게임 아이템 사고 또 하고 해야죠."

"거기서 끝이니? 또?"

"네?"

석준은 후회했다. 용돈을 더 벌 생각에 금융이란 걸 알아보려고 아빠에게 질문했던 건데 아빠는 석준이가 올바른 결론에 도달할 때까지 질문을 이어가고 있었다. 이건 아빠가 석준이랑 대화하는 방법이었다. 석준은 아빠의 의도를 눈치챌 수 있었다. 이번엔 석준이 빨리 아빠의 대답을 들을 차례였다.

"뭘 할까요? 그냥 지금은 하고 싶은 걸 맘대로 하게 해주는 돈이 필요해서요. 그래서 돈을 더 갖고 싶어요."

"맞아, 석준이 말처럼 돈은 사람에게 자유를 주는 거야. 자기가 하고 싶은 걸 할 수 있게 해주는 자유 말이야. 돈이 없으면 그 사람은 자유가 줄어들 거야. 하기 싫은 일도 해야 할 순간이 올 거고."

"으으. 어쩐지 돈이 무서운데요, 아빠?"

"돈이 무서운 건 아냐. 돈이란 그냥 잘 관리해서 많이 불려야 하는 거고, 돈을 많이 모은 뒤에는 세상에 도움 되는 일을 하면서 쓸 줄도 알아야 하는 거거든. 돈은 나만 행복하기 위해 쓰는 게 아니라 세상이 행복하기 위해 쓰는 거야."

"돈은 내가 벌었는데 왜 세상이 행복해야 해요?"

이제부터 금융에 대해 알려줄게

아빠가 석준의 머리를 쓰다듬었다. 주방에선 엄마가 식사를 준비 중이었다. 아빠는 석준의 어깨를 다독이며 이야기를 이었다.

"우리가 돈을 벌었다는 건 맞아. 하지만 어디서 벌었지? 세상에서 벌었지. 다른 사람들이 없었다면 우린 돈을 벌지 못할 거야. 그러니까, 우리가 돈을 번다면 그 돈의 일부는 세상을 위해 쓰는 게 옳은 거야. 세상이 발전해야 우리에게도 더 도움이 될 거니까."

"아."

석준이 고개를 끄덕였다.

"돈을 버는 것도 중요하지만 쓰는 것도 중요한 거란다. 자, 그럼 우리 석준이가 금융이란 뜻은 알았는데, 그럼 금융에는 어떤 것들이 있으며, 알아둬야 할 건 어떤 게 있는지 알려줄게. 우선 엄마가 맛있게 차려주신 식사를 하도록 하자. 어때?"

"좋아요!"

돈의 삼총사
채권, 주식, 펀드

"나 커피 한 잔 줄래요?"

아빠가 엄마를 불렀다. 식사를 마치고 아빠는 거실 소파에 앉은 상태였다. 석준은 아빠의 맞은 편 자리에 앉았다. TV를 마주 보는 위치에 기역자 형태로 된 소파에서 아빠가 넓은 쪽에, 석준은 좁은 쪽에 앉았다. TV와 소파 사이엔 유리를 얹은 테이블이 놓여있었다. 테이블의 높이는 석준의 무릎 높이 정도였다.

"자, 여기 맛있는 커피 대령이요. 그리고 석준이는 주스 한 컵. 엄마는 녹차 한 잔."

가족이 모였다. 세 가족. 아빠, 엄마, 석준이였다.

"우리 가족 3명이 다 모였구나. 금융 삼총사랑 비슷하다. 금융을 배울 땐 우선 '채권, 주식, 펀드'를 알아두는 게 중요해. 그외에도 여러 가지 금융 상품이 많고 종류도 다양하지만 크게 구분해서 채권, 주식, 펀드라고 할 수 있어."

"아빠, 그럼 채권부터 알려주세요."

석준은 수첩을 꺼내 들고 적을 준비를 해둔 상태였다. 아빠는 그런 석준의 모습을 보고 엄마를 바라보며 웃었다. 엄마도 석준의 모습을 보고 대견하다는 표정을 지었다.

"응, 그래."

"얼른요."

"채권이 뭐예요?"

"채권(債券)이란 국가나 은행, 주식회사, 지방자치단체 등에서 어떤 사업을 하려는데 돈이 부족할 경우 돈을 모으기 위해 발행하는 거야. 쉽게 설명하자면 '당신이 투자하는 돈 만큼 나중에 정해진 이익을 붙여서 돌려주겠다'는 약속이지. 그렇게 돈을 투자한 사람들에겐 돈을 모으는 곳에서 만든 '채권'이라는 증서를 주게 되지."

"채권이란 게 그럼 돈을 투자하고 받는 계약서 같은 건가요?"

"비슷하다고 할 수 있지. 하지만, 계약서는 종이 한 장에 내용을 적어서 당사자들이 서명하고 한 부씩 나눠 갖는 거잖아? 근데, 채권은 돈을 모으는 곳에서 돈을 투자한 사람이나 기업에게 각자 돈을 투자한 금액만큼 나눠주는 약속증서이기도 해. 약속한 기간이 되면 돈을 투자한 사람이 돈을 모으던 사람에게 채권을 돌려주고 투자한 돈에 이자를 포함해서 돌려받는 거야."

석준이 고개를 끄덕였다. 아빠는 석준이 자기 수첩에 적는 모습을 보며 말을 이었다.

"채권의 종류로는 국채, 회사채, 지방채, 공채 등이 있어. 국채는 나라에서 발행하는 채권이고, 지방채는 지방자치단체에서 발행하는 채권, 공채는 공공기관 등에서 공공사업을 위해 발행하지. 지하철공채, 지역개발공채 등등. 회사채는 회사에서 발행하는 채권이야."

"맞아요. 채권은 안정성이 있어서 부자들이 많이 투자한다죠?"

엄마가 녹차를 한 모금 마시고는 잔을 테이블 위에 내려놓았다. 석준이 수첩에서 시선을 떼지 않은 채로 다시 물었다.

"엄마, 그럼, 은행에 돈을 저금하는 게 나아요? 아니면, 채권을 사는 게 나아요?"

"아빠가 말씀해주실 거 같은데?"

엄마가 얼굴에 미소를 띠며 아빠를 쳐다봤다. 아빠와 석준의 대화에서 엄마는 지켜보기만 하겠다는 표시였다. 엄마가 중간에 끼어들면 아빠와 석준의 대화가 방해될까 걱정한 모양이었다.

"응. 채권은 이자에 이자를 얹어주는 '복리', 정해진 이자만 원금에 더해주는 '단리' 방식이 있는데, 일 년마다 원금에 얹어주는 이자가 그렇게 높진 않아. 한국은행에서 제시하는 기준금리에 영향을 받기도 해서 시기를 잘 생각해서 투자해야 해. 그리고 적은 돈을 굴리기보다는 큰돈을 굴리는 게 이익률이 더 크니까 적은 자본을 가진 사람들은 쉽게 이용할 수 없다는 단점도 있지. 여기에 대해선 나중에 자세히 말해줄게. 석준이에게 도움 되는 정보가 많을 거야. 우리 석준이 괜찮겠어? 공부 열심히 해야 할 거야. 하지만 재밌는 내용이니까 기대해."

"근데, 아빠, 기준금리란 게 뭔가요?"

"사람들이 은행에서 돈을 빌리지? 빌린 돈을 갚을 때는 이자를 내게 되지. 그러면, 은행이 돈을 빌려오는 곳은 어디일까? 은행들은 한국은행에서 돈을 빌려와. 이때 한국은행은 은행들에게 돈을 빌려주면서 이자를 붙여서 받게 되는데, 이 이자를 기준금리라고 하는 거야. 한국은행이 은행들에게 돈을 빌려줄 때 붙이는 이자."

"아, 은행들도 한국은행에게 빌려온 돈을 갚을 땐 이자를 붙여 갚는 거네요? 그럼, 은행들은 한국은행에서 빌려온 이자(기준금리)보다 더 높은 이자를 붙여서 사람들에게 돈을 빌려주게 되는 거죠? 그래야 은행들도 운영이 될 테니까요."

"딩동댕!"

엄마였다. 석준은 그제야 고개를 들고 아빠를 쳐다봤다. 그리고 옆에 앉은 엄마 얼굴을 쳐다봤다.

"네. 그럼요. 잘 할 거예요. 아빠, 주식이랑 펀드에 대해서도 알려주세요."

아빠는 엄마와 마주보며 웃었다. 그리고 석준을 쳐다봤다.

주식은 주식회사에서 발행하는 증권

"주식(株式)이란 주식회사의 자본 단위를 말하는 거야. 보통 '주(株)'라고만 표현하기도 하지. 가령, 회사를 세울 때는 자본금이란 게 필요해. 석준이가 1,000원이 있다면 1,000원을 자본으로 하는 주식회사를 만들 수 있고, 그 회사는 1,000원 내에서 사업을 시작하는 셈이야."

"1,000원이요? 너무 작아요. 금방 다 써버릴 걸요?"

"맞아. 그래서 주식이란 게 필요한 거야. 1,000원의 자본금을 가진 주식회사는 주식을 발행하는데, 한 주에 100원짜리도 만들 수 있고, 1원짜리도 만들 수 있어. 이렇게 만든 주식을 증권이라고도 말하지. 회사는 투자자들을 받아들이면서 주식을 투자금 만큼 줄 수 있어."

"아, 알 것 같아요. 주식회사는 주식이라는 증권을 발행하는데, 한 주의 가격은 자유롭게 정하지만 일단 주식을 발행하면 자본금만큼 갖고 있다가 자금이 필요할 때는 투자자들에게 넘겨주는 거군요?"

"그렇지. 주식 가격은 1원도 되고 100원도 되지만 그 이유에 대해선 조금 더 자세한 설명이 필요하니까 그것도 나중에 이야기 해줄게."

석준은 골똘히 생각하는 표정이다. 금융, 채권, 주식, 증권 등 여러 어려운 단어들을 처음 듣게 되면서 그 뜻을 이해하는 중으로 보였다.

한편, 엄마와 아빠는 석준의 그런 모습이 대견하게 느껴졌다. 평소엔 돈이 필요할 때마다 엄마나 아빠에게 돈을 달래서 쓰던 석준이였다. 그런데, 갑자기 한 달에 정해진 용돈이 생기면서 어디에 얼마를 써야하는지 계획을 세우는 게 어려웠던 모양이다.

돈을 더 많이 가지려면 어떻게 해야 하는지 궁금했던 석준이는 돈에 대한 공부를 시작했고, 아빠의 설명을 재촉했다.

"아빠, 펀드는요?"

아빠가 석준의 얼굴을 바라보며 커피잔을 들어 한 모금을 마셨다. 엄마 역시 석준의 얼굴을 바라봤다.

고객이 투자해달라고 맡기는 돈, 펀드

"펀드는 기금이라고 부를 수 있어."

"기금이요?"

"응. 우선, 이걸 생각해 보자. 사람들이 은행에 저금을 하면 은행은 이렇게 모인 돈을 여러 사업에 투자하여 돈을 불리게 되지. 그래야만 나중에 사람들이 돈을 찾을 때 이자를 줄 수 있으니까. 그런데, 은행은 사람들에게 돈을 빌려주기도 하고 돈을 받아서 보관해주기도 하는 일을 하지만, 어떤 사업에 돈을 투자해서 돈을 벌면 그 돈을 사람들에게 나눠주는 건 아냐."

"은행이 번 거니까 은행이 다 갖는 거 아니에요?"

"맞아. 그런데, 사람들이 맡긴 돈으로 은행이 투자를 하고 거기서 난 수익을 은행만 다 갖는다는 게 어쩐지 좀 이상하지 않니?"

"음, 잘 모르겠어요. 하지만, 은행이 손해를 보게 되더라도 사람들에게 손해를 부담시키진 않으니까 괜찮을 듯해요. 저 같으면 그냥 내 돈 저금했다가 나중에 찾아서 쓰는 것만으로도 좋겠어요. 이자는 물론 싸고 조금밖에 안 주는 거지만 그래도 돈을 갖고 있으면 다 써버리니까요."

아빠가 웃었다. 엄마도 미소를 지었다. 하지만 말을 하진 않았다. 석준은 용돈을 받기로 하면서 게임 아이템에 돈을 썼던 자신이 얼마나 큰 돈을 쓴 것인지 스스로 깨달은 뒤였다.

"맞아, 그렇기도 하지. 그런데, 은행이 사람들의 돈을 모아서 투자를 하고 거기서 이익을 얻는다고 할 때, 이러면 어떨까? 은행이 돈이 부족해. 그래서 더 투자할 돈이 필요할 때 특별히 투자를 받는 거야. 또는, 사람들이 은행이 돈 버는 모습을 보고 자기들도 은행이 투자하는 곳에 돈을 투자해서 돈을 더 벌고 싶어 할 때 투자를 받는 거지. 물론, 투자란 건 자기 책임으로 하는 거라서 손해를 보더라도 자기가 책임져야 하는 거지만 사람들은 그래도 투자를 하고 싶어 할 거거든."

"아, 그럼 그게 펀드에요? 기금이라고 부르는 거고요?"

"딩동댕."

엄마였다. 엄마는 석준과 아빠의 대화를 옆에서 들으며 석준이 자기 의견을 말할 때마다 '딩동댕'이라고만 말해줬다. 아빠가 말하는 금융 이야기는 엄마도 알고 있는 게 분명했다. 아빠가 다시 말을 이었다.

"석준이 은행에 저금을 하는 걸 은행에선 '예금'이라고 불러.

금융상품 중에 하나지. 그런 것처럼 돈을 맡기면서 투자해달라고 하는 사람들을 위한 상품으로 '펀드'를 만든 거야."

"그럼, 은행에 가서 '펀드 상품에 가입할게요'라고만 하면 되요?"

"아니, 펀드 상품은 은행에서도 취급하지만 투자신탁회사, 투자자문회사 등에서도 다 할 수 있어. 금융기관 어느 곳이나 펀드 상품을 팔 수 있거든. 금융상품에 투자해서 돈을 벌려는 사람이라면 어떤 펀드를 들어야할지 잘 살펴보고 돈을 투자하면 돼."

"펀드는 그럼 어떤 투자를 하나요?"

"응. 펀드는 금융상품 모든 종류에 투자할 수 있어. 채권을 사기도 하고, 주식시장에 투자도 하고, 외국 돈을 사기도 하지. 펀드를 굴린다고 표현하는데 펀드는 글자 그대로 투자해서 돈을 벌기 위한 돈이야. 그래서 투자할 수 있는 곳이고 수익이 생길 수 있는 곳이라면 모두 투자할 수 있어."

석준은 엄마와 아빠의 이야기를 들으며 금융에 대해 더 관심이 생겼다. 용돈을 아끼고 금융에 잘 투자하기만 하면 돈을 더 벌 수 있을 것 같았다. 그렇게 되면 석준이 원하는 게임 아이템도 얼마든지 살 수 있었다. 석준은 침을 꼴깍 삼켰다. 석준은 자기 앞에 그동안 감춰졌던 비밀의 문이 열리는 걸 느끼는 중이었다. 마치 게임을 하다가 다음 단계로 통과하는 비밀의 아이템을 얻은 기분이었다.

"이러다 만렙(滿 Level) 찍겠어요."
"응? 만렙?"
"아, 게임할 때 최고 높은 레벨을 말해요. 게임을 정복한 사람을 말하기도 하고요. 레벨을 다 채웠다는 의미예요."

아빠는 석준의 이야기를 들으며 미소 지었다. 엄마도 옆에서 석준을 바라보기만 했다. 아빠와 엄마의 생각은 같았다. 석준이에게 금융을 알려주는 목적은 돈을 무조건 더 많이 벌고 가지도록 하기 위해서가 아니라 자신의 생활을 돌아보고 계획성 있게 돈을 관리하는 방법을 알려주는 것이었다.

금융을 알게 된 사람은 돈을 함부로 쓰지 않는다. 100원짜리의 가치와 1,000원의 가치가 다르지 않다는 걸 알게 되기 때문이다. 엄마와 아빠는 지금 석준에게 돈의 가치를 알려주는 중이었다. 물론 지금까진 금융의 종류에 대해 설명해주는 것에 지나지 않았지만 머지않아 석준이가 금융에 대해 더 궁금한 걸 물어볼 것이란 걸 알고 있었다.

은행에 저금하면 왜 돈을 더 주죠?

"아빠."

"응?"

석준이 엄마를 쳐다보고는 아빠를 쳐다봤다. 석준의 양손엔 수첩이 들린 상태였고, 엄마와 아빠는 그런 석준과 마주 보는 위치의 소파에 앉아 있었다.

"은행에 사람들이 저금하잖아요. 그런데, 왜 이자를 주나요? 사람들이 자기 돈을 안전하게 보관하려고 은행에 저금하는 건데 은행은 왜 사람들에게 이자를 더 주는지 궁금해요. 안전하게 보관해주는 대신 오히려 사람들에게 돈을 더 받아야 하는 거 아니에요?"

아빠가 입가에 미소를 지었다.

"그래, 그렇게 생각할 수도 있겠다. 어디에 보관할 수도 없고 안전하게 지켜주는 곳이 은행이니까 보관해주는 대가로 수고비를 줘야할 수도 있겠네."

석준이 고개를 끄덕였다.

"하지만, 석준아, 돈이 없는 사람은 어떻게 해야 할까?"

"돈이 없는 사람요? 그럼, 엄마나 아빠에게 달라고 하면 되죠. 아빠나 엄마는 돈 많잖아요."

"하하하."

아빠와 엄마가 웃었다. 석준은 엄마와 아빠가 웃는 이유를 모르겠다는 표정이었다.

"미성년자일 때는 부모가 돈을 주지만 어른이 되면 누구나 자기 삶을 스스로 꾸려나가야 하지. 직장을 다니며 돈을 벌고 사업을 해서 돈을 벌기도 하고 말이야."

"네, 맞아요. 그렇게 돈을 벌잖아요."

석준은 아직도 이해가 안 된다는 표정이었다.

"그런데, 돈을 벌려다가 사업에 실패하는 사람도 있을 것이고, 집을 사려는데 돈이 부족한 사람도 있을 거야. 그럼 어떻게 해야 할까?"

"음. 직장에 더 다니거나 사업을 다시 해야죠."

"맞아, 하지만 직장에 더 다닌다고 해서 돈이 필요한 만큼 빨리 모이는 것도 아니고, 사업을 다시 한다고 해도 자본금이 없거나 부족하게 되면?"

"아!"

석준의 눈동자가 커졌다. 석준의 얼굴을 바라보던 아빠와 엄마의 눈동자도 커졌다. 아빠와 엄마는 석준에게 답이 무엇인지 말해보라는 표정이었고, 석준은 아빠 이야기를 듣고 그제야 생각났다는 표정이었다.

"돈을 빌려야 해요."

"딩동댕."

엄마였다. 석준은 엄마를 바라보며 고개를 끄덕였다. 그리고 아빠를 보고 말했다.

"은행은 돈을 저금하는 곳이기도 하지만 사람들이 돈을 빌리는 곳이에요. 그래서 그래요. 돈이 많은 사람들은 자기 돈을 은행에 넣어두면 되는데, 돈이 부족한 사람들은 은행에 가서 돈을 빌려야 하잖아요? 그럼, 은행은 다른 사람들이 맡긴 돈을 빌려주는 거예요. 이제 알겠어요. 그렇게 다른 돈을 빌려주면서 이자를 받게 되는데, 벌어들인 이자를 다른 사람들에게 나눠주는 거예요. 돈을 맡긴 사람에게 이자를 주고, 돈을 빌려가는 사람에겐 이자를 받는 거예요. 그게 은행이구나."

"맞아, 우리 석준이 역시 똑똑한데?"

"근데 아빠."

"응?"

석준의 표정이 다시 어두워졌다.

"만약에 돈을 맡긴 사람들이 이자를 받으려고 한 번에 돈을 다 찾으면 어떻게 돼요? 그럼, 은행이 망해요?"

지급준비율이 뭐예요?

석준은 사뭇 진지한 표정이었다. 아빠는 엄마 얼굴을 쳐다보며 미소를 지었다. 석준의 궁금증이 놀랍다는 표시였다. 엄마 역시 아빠를 바라보며 고개를 끄덕였다. 아빠가 석준에게 말했다.

"은행은 지급준비율이란 게 있어."

"지급준비율이요?"

"돈을 지급할 수 있는 준비를 해두는데 은행이 갖고 있어야 할 돈의 비율을 뜻해."

"아, 은행이 사람들에게 돈을 돌려준다?"

"응, 석준이 말처럼 혹시라도 사람들이 맡긴 돈을 찾아가려고 할 때 은행이 돈을 줄 수 있도록 일정한 돈을 은행에서 갖고 있어야 한다는 규정이야. 돈을 맡긴 사람이 돈을 찾으려는데 은행에 돈이 없어서 못 준다면 큰 문제가 되지."

"네, 맞아요. 그럼, 은행은 100% 전부 지급준비율을 갖춰야 하나요?"

"아니, 지급준비율은 10% 정도가 돼. 8%였던 적도 있고, 12%가 되기도 하지. 각 은행 별로 다르긴 한데, 대체적으로 10% 정도의 지급준비율을 유지해야 해."

석준이 말을 하지 않은 채 아빠를 그대로 바라보기만 했다. 아빠는 테이블 위의 커피 잔을 들어 한 모금을 마신 후 다시 내려놓았다.

은행마다 신용도와 이자율이 다르단다

"은행 예금은 한 계좌당 5천만 원까지 보장되는데, 이 금액은 은행이 망하더라도 돈을 저금한 사람이 돌려받을 수 있는 돈이야. 이 금액을 초과하는 금액은 돌려받지 못해."

"5천5백만 원을 저금했는데 은행이 망하면 5천만 원만 돌려받고 5백만 원은 돌려받지 못 한다고요?"

"응."

"아, 그럼, 한 계좌당 5천만 원을 돌려줄 수 있도록 유지하는 게 지급준비율이 되는 금액이겠네요?"

"그런 셈이지. 그리고 석준이가 아까 걱정하며 했던 말 중에 '사람들이 동시에 돈을 인출하려고 하면'이라고 했지? 그걸 가리켜 ‘뱅크런(Bank Run)’이라고 부른단다.”

“뱅크런이요?”

“응, 대규모 인출 사태가 벌어진다는 뜻이야. 은행에 돈을 맡겼던 사람들이 자기 돈을 돌려달라며 돈을 다시 가져가는 상황을 말해.”

“아, 진짜. 그러면 어떻게 해요? 은행이 망하지 않아도 사람들이 돈을 다 빼가나요?”

“은행 신용도가 제일 중요하게 되지. 사람들이 돈을 맡기면 안전하게 돈을 불려준다는 신뢰를 보여야 하거든. 만약 석준이도 돈을 맡겼는데 그 은행이 망할 거 같다거나 뭔가 내 돈을 안 돌려줄 것 같다는 생각이 들면 어떻게 하겠니?”

“돈을 빨리 찾아와야죠. 그리고 믿을 만한 다른 은행을 찾아서 다시 저금해요.”

“맞아. 그런 뜻이야.”

석준이 고개를 끄덕였다.

“근데, 아빠, 은행마다 이자율이 다 달라요? 인터넷에 보니까 어떤 은행은 저금을 하면 이자가 1년에 3.5%인데, 다른 은행은 3.55% 라고 그래요. 0.05%가 차이 나는데요?”

“그래. 은행은 사람들이 예금한 돈을 대출해 줘서 돈을 벌던가,

여러 사업에 투자를 해서 돈을 불리게 되거든. 그러려면 사람들에게 더 많은 돈을 저금하도록 해야겠지? 어떻게 하면 될까?"

"이자를 더 준다?"

"맞아. 그래서 은행들도 서로 경쟁을 하는 거야. 사람들이 돈을 맡길 수 있도록 믿을 만한 은행이라는 이미지를 알리고, 이자도 더 준다는 홍보를 하는 거야."

석준이 엄마를 쳐다봤다. 그리고 다시 아빠를 보며 말했다.

"저 같으면 그냥 저금하던 곳에 할 거 같아요. 3.5%나 3.55%나 큰 차이 없는데, 돈 빼서 다른 은행에 저금하기보다는 그냥 하던 곳에 하는 게 나을 것 같아요."

"응, 그건 돈의 액수 차이가 중요할 거야. 1천 원 저금했을 때의 이자랑 1백만 원 저금했을 때의 이자가 다르겠지? 돈의 액수가 클수록 아주 작은 이자율의 차이일지라도 그 액수는 무시할 수 있는 게 아니거든. 그래서 그래."

석준은 아빠의 이야기를 들으며 하나도 빠짐없이 수첩에 옮겨 적었다.

은행은 돈을 만드는 곳인가요?

"아빠, 근데 은행은 돈을 만들면 되죠? 은행이 돈을 만들면 사람들이 필요할 때마다 돈을 줄 수 있으니까요. 은행이 망하지도 않고요."

석준은 엄마 아빠 얼굴을 연신 쳐다보며 눈을 껌뻑거렸다. 아이디어가 떠올랐을 때 석준의 표정이었다. 자기 생각이 옳은지 옳지 않은지 모를 때 다른 사람이 판단해달라는 표현이기도 했다.

"우리나라에서 돈을 만드는 곳은 '조폐공사'라고 해. 여기서 돈을 만들지."

"거긴 어디에요, 아빠?"

석준이 다시 수첩을 펼쳤다.

"조폐공사는 돈을 만드는 회사라는 의미야. 한국은행은 우리나라에서 사용되는 돈의 액수를 항상 확인하면서 지폐랑 동전을 시기적절하게 시중에 유통시키는 일을 한단다."

"돈을 유통해요?"

"응. 가령, 훼손된 지폐나 동전을 은행에 갖다 주면 새 지폐나 동전으로 바꿔주거든. 이렇게 회수된 지폐나 동전은 폐기되는데, 그 액수만큼 조폐공사에서 돈을 더 만들어서 시중에 공급하는 거야."

"우아, 그럼 돈도 상품인 거네요? 사는 사람도 있고 공급하는 사람도 있고요."

"그래, 맞아. 어떻게 보면 돈도 상품이지. 근데, 돈이란 돌고 돌아야 하는데 때로는 돈이 안 돌 때가 있어."

"돈이 안 돌아요?"

"응. 사람들이 돈을 벌면 그 돈의 일부는 저금하고, 일부는 생활하는데 쓰고, 일부는 보관하거나 갖고 다니는데 예상과 다른 일들이 벌어지는 거야."

5만 원짜리 돈이 사라지고 있다

아빠가 석준을 보며 말을 이었다. 엄마는 녹차를 다 마셨는지 잔을 들고 주방으로 들어갔다. 소파에 앉은 석준과 아빠는 대화를 계속했다. 엄마가 들어간 주방에서 가스렌지 켜는 소리가 들렸다. 그리고 주전자를 올려두는 소리.

엄마는 뜨거운 물로 차를 마시는 걸 좋아했다. 정수기에서 나오는 뜨거운 물은 순간온수라서 차를 마시는 깊은 향이 없다고 했다.

"아빠, 예상과 다른 일들이 뭔지 궁금해요."

아빠가 석준을 보며 미소를 지었다. 소파 앞에 놓인 TV는 여전히 어둠 상태였다. 석준의 대화가 이어진 까닭이었다.

"5만 원 지폐의 부족 현상도 예로 들 수 있어. 나라에선 신권 발행으로 5만 원권 지폐를 발행했는데 이게 시중에서 사용되는 액수가 적고 어디론가 사라진다는 거야. 어디로 갔을까?"

"사람들이 모으나요?"

"그래, 맞아. 한국은행에서 확인해보니까 시중에 공급되는 5만 원권 지폐의 양이 점점 늘어나고 있거든. 부족분이 계속 생긴다는 의미인데, 그렇다고 해서 훼손되는 것도 아니고, 은행에 돌아오는 것도 아니니까 석준이 말처럼 사람들이 집이나 어디에 쌓아두기만 하고 사용하진 않는다는 의미겠지?"

"그럼 어떤 문제가 생겨요? 돈을 모으는 건데 사람들에게 5만 원권 지폐를 무조건 써야한다고 할 수도 없을 것 같아서요."

석준이 수첩을 보다가 고개를 들어 아빠 얼굴을 쳐다봤다. 엄마가 새로 우린 녹차 잔을 들고 소파에 와서 앉았다.

"응, 이렇게 생각해 보자. 우리나라에서 생산되는 상품 물량이 있고 사람들이 소비하는 상품 물량이 있는데 소비량이 생산량보다 많다면 우리나라 정부는 외국에서 부족한 물량을 수입해야 할 거야. 그렇지?"

"네."

"그럼, 돈도 마찬가지지. 우리나라에서 소비하는 물량과 생산되는 물량에 맞춰서 돈을 공급했는데, 생산량에 맞춰서 소비를 안 한다고 하면 결국 물건값은 엄청 떨어질 거야. 공급은 많은데 소비가 줄어드니까 공급하는 사람들이 하나라도 더 팔려고 싸게 팔려고 할 거거든. 이 경우엔 화폐 가치도 줄어들 위험이 생겨."

"윽. 갑자기 어려워지는 거 같아요."

"아냐, 어렵지 않아. 보렴. 인구가 100명이고 이들이 필요한 상품이 100명분이라서 이에 맞게 100명이 사용할 수 있는 상품을 맞춰줬는데, 100명에 달하는 사람들이 100명분 소비를 하는 게 아니라 50명분만 소비를 한다면, 나머지 50명분에 해당하는 상품이 남아도는 거야."

"아."

석준이 고개를 끄덕였다.

"그럼, 남아도는 50명분의 물량은 팔리지 않으면 결국 기업들이 떠안아야 할 텐데, 물건만 많이 갖고 있고 돈을 벌지 못하는 기업은 문을 닫게 될 거고, 직원들 월급도 못 주고, 세금도 못 내게 되니까 정부 운영을 할 때 필요한 돈도 부족하겠지? 기업들이 세금을 내야 정부가 나라를 운영할 돈을 갖는 거거든."

"아, 그러네요? 그럼 어떻게 해요?"

"정부는 그래서 돈을 더 찍어서라도 기업들에게 빌려주고 경제활동을 하게 하려는데, 여기서도 문제가 생길 수 있어. 물건은 100명분 물량이 있고, 소비는 50명만 하고, 나머지 50명분에 해당하는 물량은 그대로 있는데, 정부가 거기에 50명분에 해당하는 돈을 새로 만들어서 기업들에게 빌려줬다면?"

"그럼, 시중에는 150명분에 해당하는 돈이 풀린 거예요? 인구는 100명인데요? 아, 그럼 어떻게 되는 거예요?"

이번엔 엄마가 거들었다.

"물건 값은 싸질 텐데, 가령 그전엔 100원짜리 라면이 50원짜리가 된다거나 할 거야. 정부에게 돈을 빌린 기업들이 직원 월급을 주고 세금을 내면서 나머진 생산비로 쓰니까 물건이 더 많아지거든. 100명의 인구에서 200명분이 사용할 수 있는 물량이 생길 거야. 물건 가격이 떨어지는 거지."

"아빠, 그럼 사람들이 좋은 거 아니에요? 가격이 싸지니까요."

"그렇지 않을 수도 있지. 100명이 100명분의 물량을 사용할 때의 가격이 정상 가격이라면 100명이 200명분의 물량을 사용할 땐 가격이 절반 정도로 싸게 될 거야. 100명이 그대로 돈을 쓴다는 조건에서 말이야. 하지만, 50명분이 200명분의 물량을 갖게 된다면 가격은 싸지는 정도가 아니라 폭락하게 되고, 결국 또 기업 운영이 어려워지는 거니까 정부에선 세금이 부족하게 될 거고, 또 기업을 살리기 위해 돈을 풀어야 하거든."

"이제야 알 거 같아요. 사람들이 돈을 안 쓰면 기업들이 힘들고, 기업이 힘들면 직원들 월급을 주기 힘들어지니까 어려워지고, 기업이 어렵고 사람들이 어려워지면 정부에서도 세금을 걷지 못하니까 또 어려워지는 거네요?"

"딩동댕."

투자가 중요한 이유

엄마가 석준을 보며 웃었다. 석준도 엄마를 향해 윙크를 지어 보였다.

"맞아요. 그래서 돈을 찍어내야 하는 거예요. 100명분이 사용할 물량이 있고, 이걸 100명이 사용할 때 필요한 돈의 액수가 있는데, 50명만 사용한다면 나머지 돈은 누군가의 지갑에서 잠자는 거거든요. 결국 돈이 안 돌게 되니까 정부에선 새 돈을 또 찍어서 공급해야 하고, 그런데 또 돈을 안 쓰게 되면 또 찍어야 하는 악순환이 되는 거네요? 맞아요, 아빠?"

"딩동댕!"

이번엔 아빠였다. 아빠는 석준을 보며 고개를 끄덕였다. 석준이 이번엔 엄마를 쳐다봤다.

"무조건 돈을 안 쓰는 건 좋은 일은 아냐. 소비가 살아나야 기업이 살거든. 그래서 투자를 하는 건 중요한 거야. 기업도 살리고, 기업을 살리는 게 우리나라를 살리는 거니까."

아빠의 이야기를 들은 석준이 갑자기 엄마를 바라보고 입을 열었다.

"그럼, 엄마, 내가 게임 아이템 사는 거, 나쁜 거 아니네요. 돈을 쓰는 거니까요. 헤헤. 그래야 기업이 살고 정부에도 세금을 주게 되고, 다시 정부가 나라를 운영해서 더 발전하게 되고요. 저 잘한 거 맞죠?"

"뭐? 하하."

석준이 허리를 굽힐 정도로 킥킥거리며 웃었다. 아빠와 엄마도 소파에 앉은 상태로 등을 젖히며 웃었다.

돈으로
돈을 사고팔아요?

저녁 9시.

석준은 엄마 아빠와 대화를 마치고 자기 방으로 들어갔다. 아빠는 샤워를 마치고 거실에 나와 TV를 켰다. 엄마는 설거지를 끝내고 아빠 곁에 앉아 같이 TV를 보고 있었다. 얼마나 지났을까. 석준이 자기 방에서 나오며 아빠를 불렀다.

"아빠."

"응."

아빠 곁에 앉았던 엄마도 석준이를 바라봤다.

"돈으로 돈을 사면 어때요?"

"돈으로 돈을 산다?"

"네. 지금까지 곰곰이 생각해봤어요. 시중에 돈이 없다면 돈을 더 찍어낼 게 아니라 돈으로 돈을 사면 어떨까 하고요. 사람들이 돈을 안 쓰고 갖고만 있으니까 그걸 갖고만 있지 말고 차라리 정부가 살 테니 팔라 하면 팔 거 같아서요. 돈을 더 얹어주면 팔 거 같은데요? 5만 원짜리 지폐를 5만 1천 원 준다고 하면요? 사람들은 지갑에 갖고 다니는 대신 자기가 갖고 있는 돈을 팔 거 같아요. 그럼, 시중에 돈이 정상적으로 돌게 되니까 기업들도 좋지 않을까요? 새 돈을 찍어내는데 또 돈을 쓰지 말고 차라리 사람들이 가진 돈을 사주는 거예요. 그럼, 사람들은 물건을 안 사더라도 돈은 팔 거예요. 맞죠?"

석준이 동그란 눈을 껌뻑거리며 엄마와 아빠를 쳐다봤다. 아빠는 미소를 지으며 석준을 쳐다봤다. 엄마는 아빠 대신 TV를 껐다. 가족이 대화를 할 때는 TV를 끄는 게 약속이었다.

"아빠가 그럼 석준이에게 네가 가진 돈을 나한테 팔라 하고, 있는 대로 다 달라고 하면 돈을 다 줄 거야?"

"그럼요, 제가 한 달에 6만 원 생기는데, 누가 7만 원 준다고 하면 당연히 팔아야죠!"

"그리고 다음 달을 기다릴 거니? 아니면, 석준은 아빠에게 또 돈을 팔기 위해 방법을 찾아보겠니?"

"아빠한테 6만 원을 7만 원에 팔았으니까 아마 다른 사람을 찾아서 6만 원을 6만 5천 원에 사더라도 구하려고 할 거예요. 6만 원을 7만 원에 팔 수 있는데, 6만 5천 원이라고 하면 7만 5천 원은 될 거 같아요. 저 이렇게 하면 금방 돈 벌 거 같아요."

"석준아, 그럼 이건 어때? 아빠가 석준이 돈을 사고 또 다른 사람들 돈도 사들이면?"

석준이 고개를 갸웃거렸다.

"그럼, 아마 가진 돈을 아빠에게 팔려고 조금 싸게 부를 거 같아요. 다른 사람들도 그들이 가진 돈을 팔려고 할 테니까, 6만 원이 7만 원이었지만 나중엔 6만 원이 6만 1천 원 정도? 아니면 그것보다도 싸게 내려갈 거 같아요. 6만 1백 원? 아니면 그것보다도 더 싸게요. 안 팔면 안 되니까 무조건 팔려고 할 거 같아요."

"그렇겠지?"

"네."

나라와 나라 사이의 무역에는 어떤 돈을 쓸까?

석준이 아빠 엄마를 보며 어깨를 축 처지게 내렸다. 뭔가 잔뜩 기대를 하다가 기대 외의 상황이 되어 실망스러워 보였다. 석준이 다시 아빠를 찾았다.

"근데요, 아빠. 돈으로 돈을 사면 안 돼요?"

"돈으로 돈을 산다? 지금은 안 쓰는 옛날 돈을 수집하는 사람이 돈을 주고 돈을 사기도 하지. 이것 외에 서로 다른 나라들끼리는 돈으로 돈을 사는 게 있어."

"아, 그건 뭔가요?"

석준이 고개를 갸웃거렸다. 엄마와 아빠는 서로 마주 보고 미소를 지었다. 아빠가 석준의 얼굴을 쳐다봤다.

"무역을 생각해 보자. 석준아, 무역이 뭐지?"

"나라와 나라가 서로 필요한 물건을 주고받는 거요?"

"그렇지. 그런데, 나라와 나라 사이에 거래를 할 때도 돈을 주고받아야 할 텐데 어떤 돈을 쓸까?"

"음."

잠시 생각하던 석준은 수첩을 가지러 방에 들어갔다. 그리고 다시 나와서 소파에 앉고 수첩을 펼쳐서 자기 무릎 위에 올려두었다.

"생각해보면요, 우리나라에서 만든 물건이니까 우리나라 돈으로 가격을 표시할 거고요. 외국에서 만든 물건은 외국에서 사용하는 돈으로 가격을 표시할 거 같아요."

"그렇지. 그리고?"

"그럼, 우리나라 돈의 액수랑 외국 돈의 액수랑 가치가 같아야 하는데. 아빠, 우리나라 돈 100원은 외국 돈으로 얼마에요?"

아빠가 석준의 얼굴을 보며 미소를 지었다.

"어느 나라랑 비교하느냐에 따라 다르겠지?"

"아, 맞다. 그럼, 미국이랑 무역을 할 경우에요. 미국으로 수출을 할 때 우리나라 돈 100원은 미국 돈으로 얼만가요?"
"그건 시기마다 달라."
"네?"

석준이 두 눈을 동그랗게 떴다. 이해할 수 없다는 표시였다.
"무역이란 건 서로 다른 나라들이 물건을 주고받는 거래를 하는 거야. 이 경우 대금을 지불해야 하는데 우리나라 돈이나 거래를 하는 나라의 돈으로 가격을 정하게 되겠지. 그러나 액수 표시가 같다고 해서 그 가치가 똑같다고 할 수 없거든."
"네, 그래서 제가 우리나라 돈이 외국에선 얼마인지 궁금했어요."
"맞아, 석준이 말처럼 그런 문제 때문에 무역 거래에서는 '기축통화'라는 게 있어."

"기축통화가 뭐여요?"

"응. 기축통화란 의미는 무역거래에서 대금을 지불할 때 어느 나라 돈으로 가치를 정해서 사용할 것인지 정하는 건데, 요즘엔 미국 돈을 말하는 '달러', 일본 돈인 '엔', 중국 돈인 '위안'으로도 무역 대금 결제가 가능해."

석준이 고개를 끄덕였다.

"그게 어떤 이유가 있어서 그런 건가요? 그냥, 우리나라 돈으로 지불하면 안 돼요?"

"석준이 말처럼 우리나라 돈으로 모든 무역 거래를 하면 얼마나 좋을까? 그런 시대가 곧 올 거야. 사실, 무역 거래에서 몇 개 나라의 돈을 결제 대금으로 사용하는 이유는 이들 나라의 돈의 가치가 크게 변동이 없어서 그런 이유도 있어. 경제가 안정되고 금융이 안정된 나라의 돈을 사용해야만 물건값을 제대로 받을 수 있거든. 사실, 물건 가격이 불안정하고 경제가 불안정한 나라에선 하루에도 여러 번 돈의 가치가 변하잖아. 그러면 무역을 할 때도 어느 한 쪽에 손해가 발생할 위험이 커지는 거랑 같아."

"100원짜리 물건을 사기로 했는데, 돈이 시장에 안 돌거나 해서 150원짜리가 되면 수입한 곳에선 좋지만 수출한 곳에선 오히려 손해가 되는 그런 건가요?"

"딩동댕."

엄마가 미소를 지었다. 석준도 엄마를 향해 검지손가락과 중지를 펴서 승리의 브이(V)를 그려보였다. 석준이 아빠를 보고 말을 이었다.

"그럼, 아빠. 나라들 사이에 거래를 할 때 어떤 나라의 돈의 가치를 기준으로 사용할 텐데, 그럼 두 나라는 각각 어떻게 가격을 정해요? 우리나라에서 100원이라고 하면 이걸 미국 돈으로 결제하려고 할 때 미국 돈으로 얼마인지 알아야 하잖아요."

"응, 그걸 가리켜서 '환율'이라고 부르는 거야."

"환율?"

"응. 생각해볼까? 우리나라 돈 100원으로 일본에서 만든 운동화를 사온다고 해보자. 우리나라가 돈 100원을 일본의 신발회사에게 주는 게 아냐. 미국 돈으로 환산해서 얼마인지 그 정도의 달러로 주는 거지. 그럼, 일본의 신발회사는 미국 돈 달러로 얼마 받는 게 옳은지 계산해보고 그 가격에 되겠다고 생각되면 우리나라 돈 100원에 해당하는 미국 돈인 달러를 받는 조건으로 신발을 수출하게 돼."

"네. 그러면요?"

"하지만 일본 회사는 우리나라 돈 100원을 받는 게 아니라 미국 돈 달러로 돈을 받아. 물건 가격은 각자 나라에서 사용하는 돈으로 가치를 정하지만 실제 무역을 할 때는 미국 돈을 주고받는 거지."

석준이 고개를 끄덕였다.

"아, 그럼 미국 달러를 주고받는 거예요?"

"아니. 그렇지도 않아."

"네?"

아빠가 석준을 보고 미소를 지었다.

"무역을 할 때 미국 돈, 달러로 결제를 하기로 했다고 해서 미국 돈을 실제 주고받는 거래를 하진 않아. 다만, 미국 달러로 표기된 어음을 주고받는 건데, 이를 가리켜 '외국환어음'이라고 부르고, 줄여서 '외환'이라고도 말하지."

"외환이요?"

무역을 할 때는 외국환어음으로 거래를 하지

"응. 미국 달러는 미국에서 만든 돈이지? 그런데, 지급하는 곳은 일본이나 한국이야. 이럴 경우엔 미국 달러를 실제로 주고받진 않고 미국 달러로 표기된 외국환어음이란 걸 주고받아. 물건 대금으로 미국 돈 얼마에 결제를 한다는 약속 같은 거지. 가령, 우리나라가 일본 업체에게서 100원어치 신발을 사온다고 할 때 우리나라 업체가 100원에 해당되는 미국 돈 달러를 주겠다는 외국환어음(외국 돈으로 표기된 어음)을 일본 업체에게 주는 거야. 그럼, 일본 업체는 외국환어음을 받고 신발을 수출하고, 은행에 가서 외국환어음을 제시하고 미국 달러로 돈을 받는 거야."

"아, 그럼 실제로 그때 되면 미국 달러를 주고받네요?"

"맞아, 그런데 꼭 그렇지도 않아."

"또요?"

아빠가 석준을 바라봤다. 석준은 자기 생각이 자꾸 달라지는 것에 대해 불안한 표정이었다.

"물건을 사는 사람은 자기가 거래하는 은행에 가서 외국환어음을 발행하고, 물건을 판 사람은 자기 나라 은행에 가서 외국환어음을 현지 돈으로 바꾸려고 하거든. 이때, 은행에서 그 사람에게 '미국 돈으로 받겠어요? 아니면, 이 나라 돈으로 줄까요?'라고 물어 보거든."

"아, 외국환어음이란 게 돈이 아니고 돈에 상당한 액수를 적은 거니까 그걸 돈으로 바꿀 땐 어느 돈으로 바꿔주길 원하는지 물어본다는 거네요?"

외환을 많이 가진 나라가 안정된 이유

이번 딩동댕은 엄마였다.

석준도 엄마를 보고 고개를 끄덕였다.

"이제야 알거 같아요. 돈으로 돈을 살 수 있는데 그건 서로 다른 나라끼리 상대방의 돈을 사는 걸 말하는 거고요, 무역 거래처럼 돈을 거래할 수도 있는데 이럴 땐 기축통화라는 게 있어서 기준이 되는 어떤 나라의 돈의 가치에 각자 사용하는 돈의 가치를 비교해서 그만큼 서로 같은 가치의 돈을 바꾼다는 거 같아요."

"그렇지. 우리 석준이 역시!"

"그럼 외환을 많이 가진 나라일수록 돈의 가치가 안정되는 거죠? 경제 상황이요. 지금 생각났는데요, 외환을 보유한 게 적으면 여러 다른 나라들의 경제 상황에 영향을 많이 받는 거고요, 외한을 많이 갖고 있으면 훨씬 안정되게 돈의 가치를 운영할 수 있는 거 같아요. 영향을 덜 받고 그 나라에 맞게 무역거래나 경제 정책을 펼칠 수도 있게 되고요. 와, 신기하다!"

환하게 웃는 석준을 보며 아빠와 엄마도 입가에 미소를 지었다. 석준은 수첩에 적은 내용을 들여다보다가 이내 다시 자기 방으로 들어가려는 듯 소파에서 일어섰다.

그때였다. 석준은 다시 아빠를 바라봤다.

종잣돈이 뭔가요?

"아빠, 돈을 사고 팔 때도, 사업을 할 때도, 용돈을 모아서 투자를 하고 싶어도 적은 금액으로는 힘들 거 같아요. 제 경우엔 우선 돈을 모아야할 텐데, 얼마나 돈을 모으면 제가 하고 싶은 투자를 할 수 있을까요?"

아빠는 석준을 바라봤다.

"종잣돈 말이구나?"

"네? 종자… 돈이요?"

"응, '종자'라는 게 '씨'를 말해. 씨앗이 되는 돈이지. 영어로는 씨앗을 뜻하는 씨드(Seed)랑 돈(Money)이라는 단어를 붙여서 씨드머니(Seed money)라고 부르기도 해."

석준은 다시 소파에 앉았다. 아빠는 석준의 모습을 보며 다시 입을 열었다. 엄마는 테이블 위에 놓였던 녹차 잔과 커피 잔, 주스 컵을 들고 주방으로 갔다. 시간이 늦어져서 잠을 잘 시간이 되고 있었다.

"아빠, 투자를 하거나 사업을 하려는데, 돈을 어느 정도 모아야한다는 건 알겠는데요, 그 돈을 종잣돈이라고 부르는 이유가 있나요?"

"글자 그대로 '씨앗'이 되는 돈이라고 말하는 거야. 우리가 농사를 지을 때 씨앗을 심어야 뿌리가 나고 줄기가 생기고 잎이 생기면서 나중에 열매가 맺히지? 돈도 마찬가지라고 생각하는 거지. 처음엔 어느 정도의 돈으로 시작해야만 그 돈이 자라고 풍성한 열매를 맺게 되는 거니까."

석준이 고개를 끄덕였다. 석준은 수첩에 종잣돈의 의미를 받아 적었다. 아빠는 석준을 보다가 갑자기 궁금한 게 생겼다.

"석준인 사업을 하고 싶어? 어떤 사업일까? 우리 석준이가 사업을 한다고 하면 뭐든 잘 해낼 거라고 믿지만 그래도 궁금하다. 조금은."

석준이 수첩에 글을 적은 후 고개를 들었다. 환하게 웃고 있었다.

"아직 어떤 사업을 하겠다는 확실한 계획은 없어요. 단지, 사업을 하려면 맨손으로는 안 될 거 같아서 어느 정도 돈을 모으려고 해요. 근데, 그게 얼마나 모아야할지 몰라서요."

"그렇구나. 종잣돈은 정해진 액수는 없어. 다만, 자기가 하고 싶은 일을 시작할 수 있을 정도면 돼. 그러려면 계획을 먼저 세우고, 그 계획대로 하려면 얼마가 필요할지 생각해봐야 하겠지?"

사업 안 하고 투자만 해서 부자가 될 수 있을까요?

"아빠, 제가 사업을 안 하고 투자나 금융 분야에서 사고팔기를 하면 어때요? 돈을 사고팔기만 하면서 부자가 될 수 있어요? 사업을 안 하더라도요."

아빠가 석준이를 보고 미소를 지었다.

"아빠가 생각하기에 석준이가 지금부터라도 매월 5만 원씩 펀드에 투자하면 이 다음에 40년이 지난 시점, 그러니까 석준이가 지금 13살이니까 53살이 되는 무렵에는 자그마치 2천억 원 정도를 가진 갑부가 되어 있을 거 같아. 어때?"

"아빠."

석준이가 아빠를 부르며 입을 다물었다.

"너무 좋죠."

석준이가 환하게 웃었다. 아빠도 내심 아이에게 쓸데없는 이야기를 했는지 걱정되었다가 석준의 웃는 얼굴을 보고서야 안심이 되었다.

"아빠, 근데 매월 5만 원씩 펀드에 투자하면 진짜 40년 뒤에는

2천억 원을 가진 부자가 되나요?"

"그럼, 그 이유를 생각해볼까? 그 대신 펀드의 연수익률이 30%는 되어야 하는 게 조건이야. 수익률이니까 그건 복리 계산을 하는데, '복리'라는 거 알지?"

"이자에 이자가 붙는 거요. 맞죠?"

"딩동댕!"

아빠가 웃었다. 그리고 석준의 얼굴을 보며 다시 말을 이었다.

"연수익률 30%이면 이건 월 2.5% 이자인 셈이야. 그럼, 5만 원을 펀드에 투자하고 40년 뒤에 찾는다면 얼마가 될까? 원금×(1+R)n 수식에 의해서 ₩50,000×(1+0.025)480=70억 2천만 원이 된다. 어마어마하지?"

"아빠."

"응?"

석준이 다시 아빠를 찾았다.

"나 그거 할래요. 용돈 매월 6만 원씩 주시면 그 중에 5만 원씩 펀드에 투자해서 40년 동안 모으면 될 거 같아요. 나 그거 할래요."

"하하. 그럼, 아빠 이야기를 끝까지 들어야지."

"네."

석준이 자신만만한 표정을 지었다. 수첩을 덮은 뒤였다. 석준은 이제야 비로소 돈을 벌어 부자가 되는 방법을 알았다고 생각하는 중이었다. 아빠는 고개를 가로저었다.

투자는 여유자금으로 적절한 액수를 정해야 해

"우선 매월 5만 원씩 펀드에 투자해서 40년 뒤에 얼마가 되는지 생각해볼게. 원금×$(1+R)^n$ 수식에 의해서 ₩50,000×$(1+0.025)^{480}$ =70억 2천만 원이 된다는 건 알았지? 이건 첫째 달에 펀드를 산 돈이고, 두 번째 달엔 50,000원은 ₩50,000×$(1+0.025)^{479}$ 이렇게 돼. 그렇게 40년째가 되는 마지막 달에는 ₩50,000×$(1+0.025)^1$ 이 되는데, 이 돈을 다 더하면 현금자산 2천억 원정도가 되거든."

"아빠."

"응?"

석준이 아빠를 보고 당연한 걸 자꾸 말해준다는 표정을 지었다.

"그러니까, 저 5만 원 투자해서 40년 뒤에 찾는다니까요. 아니, 매월 5만 원씩 펀드 할게요."

아빠는 석준을 보고 다시 고개를 저었다. 주방에서 돌아온 엄마가 아빠 곁에 앉았다.

"투자라는 건 자기 돈에서 여유자금을 사용하는 거야. 석준이가 한 달에 6만 원을 받는다고 했을 때 매월 얼마를 투자할지 정해야 해. 한 달 생활비는 필요하니까 그런 거야."

"아."

"첫 달에 6만 원 받았는데, 그 중에 5만원을 펀드에 투자해놓으면 두 번째 달 용돈 받을 때까지 석준인 1만 원으로 살아야 되고, 돈이 없으면 빚을 지게 돼. 아빠 생각엔 아마 빚에 쪼들리다가 펀드에 투자한 돈을 찾아서 갚으려고 할 텐데 그땐 원금도 못 건지고 돈이 줄어든 상태일 수도 있어. 숫자상으로 부자가 될 거란 기대에 빠져서 자칫하다간 가난에서 벗어나지 못할 수 있다는 거야. 어때?"

"아, 어렵다."

투자는 가진 돈의 30% 내에서 시작

석준이가 다시 수첩을 펼쳤다.

"그럼, 아빠. 제가 종잣돈을 모을 때까진 투자를 하지 않는 게 좋을까요?"

"아니, 투자란 건 자기 수준에서 여윳돈으로 하는 거니까 투자를 시작하는 시점은 언제가 되어도 괜찮아. 지금 당장 해도 되고, 다음 달부터 해도 되고 그건 석준이 마음이야."

"네. 아빠가 알려주세요."

석준이가 아빠 얼굴을 빤히 쳐다봤다. 입은 다물었다. 이제부터 아빠 이야기를 듣기만 하겠다는 표시였다.

"투자는 자기가 가진 돈의 30% 내에서 하도록 해보자. 그래야만 생활에 지장을 받지 않을 거야. 만약 투자가 실패하더라도 다시 일어설 수 있는 자금도 가진 상태가 되는 거니까. 6만 원을 받는다면 그 중에 30%인 1만 8천 원 내에서 투자를 해보도록 하고, 종잣돈을 모으는 금액도 1만 8천 원씩 모으기 시작해야 해. 1년만 모아도 1만 8천 원씩 12개월이니까 21만 6천원이 될 거야."

"우아, 아빠 큰돈이에요. 처음엔 1만 8천 원씩이라고 하셔서 얼마 안 되는 돈이구나 생각했는데 1년을 모아보니까 적은 돈이 아니네요!"

은행이 이자를 정하는 방식이 궁금해요

아빠가 석준을 보며 흐뭇한 표정을 지었다. 돈의 가치를 알아가는 아이의 모습이 대견한 까닭이었다.

"이자도 붙으니까 돈은 더 커질 거야."

"아빠, 이자가 궁금해요. 은행들은 어떻게 이자를 정해서 주는 건가요? 사람들이 맡긴 돈을 활용해서 수익을 내서 그 돈으로 은행도 운영하고 돈을 맡긴 사람들에게 이자도 지급하는 건 알겠는데요, 그 계산하는 방법이 궁금해요."

"그래? 이자라는 건 돈을 사용한 대가로 지불하는 것인데 정기적으로 이자를 지급하기도 하고, 기간을 정해서 다 되어야만 원금이랑 더해서 이자를 지급하는 방식도 있고 그래. 이자를 a라고 할 때, 횟수를 정해서 a1, a2,……an이라고 할 경우, 1년부터 n년 동안에 받는 금액은 P0가 0년의 현재 화폐가치로 할 경우 전체 거래의 이자율을 알 수가 있어.

$$P0 = a1(1+r)^1 + a2(1+r)^2 + \cdots\cdots + an(1+r)^n$$

이런 식이 되거든. 매년 이자(a)를 받는 경우엔 r = a/P0이라고 하고,

$$P0 = a\ [(1+r)^1 + (1+r)^2 + \cdots\cdots \infty] = a/r$$

이렇게 되지. 그러나 이자율은 정해진 불변의 것이 아냐. 누가 자기 마음대로 정하는 것도 아니고. 이자율은 시장 상황에 반응해서 영향을 받으며 변하는 거라는 점은 기억하자."

석준이가 수첩에 아빠의 이야기를 적던 중 고개를 들었다.

"적금은요, 아빠? 적금은 이자가 어떻게 적용되나요?"

아빠는 석준의 수첩을 받아서 그 위에 적어주었다.

"적금은 매월 정한 날짜에 정한 금액을 넣는 건데, 여기에 적용되는 이자율은 매 회마다 조금씩 다르게 돼. 가령, 1회차 납입 금액은 1년짜리 적금일 경우 12개월에 대한 이자를 받게 되고, 2회차 납입 금액은 11회차에 달하는 이자율을 적용받거든. 돈을 은행에 넣어두는 기간만큼 이자를 받는 거니까 이런 식이 성립하게 되지. 그런데, 이자에도 세금이 있다는 거 기억하자. 은행에 돈을 넣어두고 이자를 받게 되더라도 나라에 내는 세금을 빼고 남은 돈이 순수한 금융 이자소득이 되는 거니까 말이야."

그렇게 하루가 지났다. 자기 방으로 돌아온 석준은 침대 옆에 놓인 컴퓨터 책상에 앉았다. 아빠의 이야기를 적은 수첩은 모니터 앞에 내려두었다. 어디서부터 시작해야할지 어려운 단어도 많고 고민도 되는 게 사실이었다. 하지만, 자기가 받는 용돈으로 스스로 돈을 벌 수 있다는 생각이 들어 기분이 좋았다.

돈을 받으면 계획대로 사용할 생각이었다. 사야할 물건과 써야할 곳을 정해두고, 계획에 없는 갑작스런 일에 대비해서도 돈을 준비해둘 생각이었다. 그리고 남는 돈은 이제 본격적으로 투자에 나설 마음이었다.

다음 날 오후.

“아빠, 아빠!”

현관문을 열고 들어서자마자 석준은 아빠를 찾았다. 문소리를 듣고 나온 엄마가 보였다.

“엄마, 아빠는요?”

“석준아, 엄마는 안 찾고 아빠부터 찾기야? 엄마 서운한데?”

“엄마, 그게 아니고요. 아빠한테 아까 문자 왔는데 채권이랑 주식이랑 펀드에 대해서 알려주시기로 했거든요. 오늘부터요. 집에 오면 아빠가 정리해둔 내용 먼저 보라고 했는데, 어디 있는지 몰라서요.”

엄마는 얼굴에 미소를 지으며 석준에게 종이 묶음을 건넸다. 아빠가 이메일로 엄마에게 보낸 내용을 출력해둔 것이었다.

“이거?”

“네! 아, 이거네요! 엄마, 나 이거 빨리 볼게요. 이따가 아빠 오면 물어볼 거 많아요. 엄마도 도와주세요.”

“그래, 석준아, 간식은? 얘! 석준아.”

석준은 엄마에게 종이를 받아들고 서둘러 자기 방으로 들어갔다. 간식을 먹으라는 엄마 이야기가 들리지 않는 듯 했다. 자기가 좋아하는 일에 집중하는 석준이의 특징이었다.

제2부
Good morning, 채권(bond)!

오늘은 금융에 대한 첫째 날 공부로 채권(債券)에 대해 알아볼까?

비슷한 단어로 채권(債權)이란 게 있는데 이건 돈을 빌려주고 돌려받을 권리를 말하는 것인데 비해서, 지금 말하는 채권(債券)이란 돈을 주고 사고 판매하는 증서이기도 해.

채권에 대해 알아두고 부자어린이가 되는 방법에 대해 알아두도록 하자꾸나.

채권이 뭔가요?

채권이란 투자자들에게서 돈을 모아서 장기간 사용하기 위해 발행하는 증서란다. 채권을 발행할 수 있는 자격은 국가, 지방자치단체, 주식회사, 은행 등이 있고, 이들이 발행하는 채권에는 공공사업을 하기 위한 공채, 나라살림에 사용하는 국채, 지방자치단체에서 사업을 하기 위한 지방채 등이 있단다.

채권이란 원금도 돌려주고 이자를 추가로 더해주는 권리를 약속하는 증권이야. 그래서 원금을 지킬 수 있는 안정성이 높지. 게다가 채권을 사두더라도 만약 현금이 필요할 경우가 생긴다면 언제든 현금으로 바꿀 수도 있는 편리함까지 갖고 있지.

물론, 채권을 중간에 현금으로 바꾼다는 건 다른 사람에게 내가 가진 채권을 판다는 의미인데, 이 경우엔 기간이 다 될 때까지 기다렸다가 받게 되는 금액보다는 적은 게 단점이야.

채권에 정해져 있는 기간까지 기다리면 원금과 이자를 얼마까지 받는다는 조건이 있는데, 이를 기다리지 않고 중간에 현금으로 바꿀 경우 만기에 받을 수 있는 금액보다는 조금 적은 금액을 받게 된다는 의미란다.

채권은 원금에 이자도 보장받고 현금성도 좋아

어디서 채권을 사고 팔 수 있는지 궁금하지?

채권은 증권회사 등에서 취급을 해.

채권은 오늘 팔겠다고 하면 바로 팔 수 있고 현금도 바로 지급되기 때문에 현금성이 좋은 금융 상품이기도 해. 그래서 채권을 선호하는 사람들이 많아. 안정적으로 원금을 보장받고 이자도 받으면서 중간에 언제든지 현금으로 바꿀 수 있는 장점까지 지녔으니까 말이다.

그럼, 채권은 부도가 나지 않느냐고? 부도란 채권을 발행한 주체가 망하거나 경영이 힘들어져서 채권으로 약속한 금액을 지급하지 못하는 경우를 말한다는 거 알고 있지? 은행이나 지방자치단체, 국가 등에서 발행한 채권은 부도날 위험이 거의 없지만 주식회사에서 발행한 채권은 간혹 문제가 될 수도 있단다.

채권을 발행한 회사가 부도가 났다면 그 채권은 휴지조각이 되는 것과 같아서 투자한 원금을 모두 날리게 되는 부작용도 생기지.

그래서 주식회사가 발행하는 회사채(사채)의 경우엔 회사의 신용도를 상당히 중요하게 여기는 게 보통이야. 회사가 안정 상태인지, 경영 상태나 현금 흐름이 좋은지 등을 따져서 신중하게 구입해야 하지.

은행 이자와 채권의 이자 사이에 어느 게 더 좋을까?

채권 가격은 은행 이자와 반대 방향으로 흘러. 이 말은 뭐냐 하면, 은행 이자가 높을 경우엔 채권 가격이 낮아지고, 은행 금리가 낮을 경우엔 채권 가격이 높아진다는 말이야.

그 이유는 간단해. 은행 이자가 높다고 생각해볼까? 사람들이 채권을 사려고 할까? 아닐 거야. 은행이 훨씬 더 안전하게 원금을 보장해주고 게다가 이자까지 높은데 굳이 채권을 살 필요는 없어져. 그래서 채권시장엔 가격이 낮으면서 이자를 높게 준다는 채권이 상품으로 나오게 되지.

반대로, 은행 이자가 낮을 경우엔 어떨까? 맞아. 채권시장엔 채권 가격이 높고 이자가 낮아지는 상황이 벌어져. 돈을 가진 사람들이 은행에 돈을 넣어두는 대신 다소 위험이 있더라도 이자가 높은 채권 쪽으로 눈을 돌리거든.

채권은 비교적 원금 보장이 잘 되는 금융상품이라서 회사의 신용도를 보고 채권을 구입 하게 돼.

채권에 투자하면 얼마를 버나요?

채권에 투자할 경우 얻는 수익을 설명해줄게.

채권 투자는 채권에 표시된 금액과 받게 되는 이자를 더한 금액에서 채권 시세와 시중금리를 합한 금액을 뺀 차액을 수익으로 갖는 거거든.

가령, 1,000원짜리 채권이 있고, 채권 만료 기간에 100원의 이익을 받을 수 있다고 해보자. 이 채권의 액면가는 1,000원이지만 채권시장에선 그 시세가 900원이라고 할 경우야. 시중금리는 10%라고 하고 계산해볼까?

900원을 들여서 이 채권을 사두고 만기까지 기다렸다가 현금으로 받으면 1,100원을 받으니까 그 차액은 200원이 돼. 900원을 투자해서 200원을 번 셈이지. 그런데, 시중금리가 10%라고 할 경우엔 900원을 은행에 넣어두고 이자를 받는 거니까 990원을 받게 되는 거야. 채권 수익은 1,100-990이 되고, 110원을 더 벌게 된 거지. 시중금리 10%보다 높은 수익률이야. 채권 투자자들에겐 매력적인 상황이겠지?

시중금리가 30%라고 하면 어떨까?

가격 표시가 1,000원으로 된 채권이고 이자는 100원을 준다고 한 건 변하지 않아. 만기가 되면 1,100원을 받는 거라서 200원의 투자 이익이 생기는 거니까 말이야. 그런데, 시중금리가 30%라고 한다면 900원을 투자하더라도 1,170원을 벌게 돼. 이때 채권 수익은 1,100-1,170이 되고, 채권 수익은 더 번 금액이 30원에 지나지 않아. 당연히 채권 가격은 낮아지겠지?

채권 투자자들이 채권을 사도 이익률이 적으니까 안 팔릴 거고, 결국 채권시장에 팔려고 나온 채권들은 가격이 낮아지는 거야. 시중금리보다 큰 차이가 없는데 채권은 매력적인 상품이 아니게 되는 것이지.

채권 투자에 대해 알아보니까 어때? 재미있지 않니? 시중금리가 높을수록 채권 가격은 낮아지고, 시중금리가 낮을수록 채권 가격은 높아진다는 것만 기억해도 돼. 채권을 투자하려면 증권회사에 계좌를 만들고 투자에 나설 수 있어.

채권 금리(이자) 수익 계산이 어려워요

어떤 채권을 사는 게 좋을까?

채권을 발행하는 곳이 신용도가 높을수록 원금을 보장받을 수 있고 좋겠지? 그럼 어디?

맞아. 국가에서 발행한 채권이 안전할 거야. 물론, 신용도가 높아서 채권이 안전하다면 그만큼 이자는 낮아지게 돼. 이자는 낮지만 원금 보장을 받을 수 있는 투자처가 바로 정부가 발행한 국채가 된다는 얘기지.

그럼, 이자율은 어떤 채권이 높을까?

신용도가 위험할수록?

채권 만기가 길수록?

우선 알아둬야 할 것은 채권을 발행하는 곳의 신용도가 낮을수록 그 채권 가격은 낮아지지만 이자율은 고정이라서 큰 도움은 안 돼. 채권은 발행될 때 액면가격 얼마에 만기 시 이자는 얼마라고 정해지거든, 그래서 신용도가 낮은 고위험 채권을 산다고 해도 그 이자율은 크게 기대할 게 못 되는 것이지.

반대로, 채권의 만기 기간이 길면 길수록 채권 수익은 더 커질 수도 있어.

시중금리는 대체적으로 은행 이자를 말하는데 현재 은행 이자율이 5%라고 하면 이게 시간이 흐를수록 높아질 가능성보다는 낮아질 가능성이 더 많거든.

결국, 채권을 사두면 정해진 이자율은 무시하더라도 나중에 만기가 되었을 때 은행 이자가 더 낮아질 경우 기대수익이 높아지는 거야.

아참, 이건 참고 삼아 알아두도록 하자.

원금 보장을 받을 수 있는 투자처가 있다면 이자가 낮다고 말하면서 정부에서 발행하는 채권이 있다고 말했지.

그런데 '예외 없는 규칙은 없다'는 격언이 있는 것처럼 모든 투자에는 예외적인 상황을 가정해서 대비해두는 게 좋아.

가령, 지방자치단체에서 원금 보장을 해주는 채권이 있다고 해볼게. 지방에 어느 기업이 부동산 개발을 하면서 채권을 발행하고 지방자치단체에서 보증을 섰다고 해보자. 이 경우 원금 보장이 되니까 채권시장에서도 낮은 이자에 자금을 확보할 수 있어.

원금 보장이 되었다는 건 지방자치단체장이 기업의 개발사업에 지원을 해주면서 만약 이 기업이 빌린 돈을 못 갚는 경우 지방자치단체가 갚아주겠다고 약속을 했다는 의미이지.

문제는 지방자치단체장이 선거에 의해 바뀔 수 있다는 거야. 만약 새롭게 당선된 지방자치단체장이 이전의 지방자치단체장이 원금 보장 하겠다고 했던 기업의 개발사업 자금에 대해 보장하지 않겠다고 한다면 어떻게 될까?

채권시장에선 큰 소동이 벌어질 거야. 지방자치단체가 원금 보장한다고 해서 자금을 빌려줬는데 갑자기 원금 보장 못 한다고 한다면 자금을 빌려준 곳에서는 원금 회수가 불투명하잖아? 그렇다면 빨리 자금 회수에 나서려고 할 거야.

문제는 더 심각해질 수 있어.

'지방자치단체에서 보장해주는 자금도 원금 보장이 불투명하다'고 하면 은행이나 금융기관들이 자금을 빌려주지 않으려고 하고, 회사들이 발행하는 채권도 투자하고 않으려고 하겠지. 빌려준 자금은 빨리 회수하려고 독촉하고 연장해주지 않을 거고 말이야.

이건 해당 기업이나 해당 지방자치단체에게만 해당되는 게 아닐 수 있어. 한번 무너진 신뢰는 다시 회복하기가 매우 어렵거든. 채권이 팔리지 않을 것이고 그렇게 되면 정부에서 추진하는 개발사업마다 자금 부족에 시달리게 되겠지.

그러면 건설회사들이 부도나는 경우도 많아질 거야. 실업자도 늘어날 것이고 다른 사람들도 은행에서 돈 빌리기가 어려워질 수 있지.

채권의 시가는 누가 평가하나요?

채권의 시중 가격을 평가하는 걸 '시가평가(Mark to Market)'라고 해. 회사들이 회계장부를 정리할 때 채권을 산 가격이 아니라 시세를 평가해서 기재하는 걸 말하지.

채권의 시가평가는 채권시장에서 정해지는 채권의 시세가 얼마인지 정하게 되는 걸 말해.

채권 시가평가에 대해 알아두자. 나중에 석준이가 채권 투자를 할 때도 시가가 얼마가 될 건지 예상할 수도 있고 채권시장에 많이 참여할수록 이익을 내는 방법을 더 많이 알게 되니까 말이야.

'시가평가'란 건 채권을 투자한 투자자에게 상당히 중요한 내용이야. 생각해볼까?

내가 채권에 투자한 돈이 1,000원이 있다고 해보자. 100원짜리 채권을 10개를 산 거야. 그런데, 이 10개의 채권의 표시가격이 200원이라고 한다면, 내가 투자한 돈 1,000원 대비 투자 이익은 1,000원이나 되는 셈이지. 1,000원 투자해서 1,000원 이익을 보는 거니까 엄청 많은 수익이지. 회계장부에도 내가 가진 자본을 적을 때 2,000원으로 적을 수 있어. 채권의 시세를 반영한 거니까 말이야.

그런데, 만약에 채권이 50원이 되었다고 하면 어떨까?

난 채권을 사느라 1,000원을 썼는데, 그 채권 가격이 하나에 50원이고 10개면 500원에 지나지 않아. 결국 회계장부에는 500원 가치로 적어야 하는데, 이 경우 나는 1,000원 투자해서 500원으로 만들었으니까 결국 내가 가진 자본 500원이 손실이 된 셈이야.

채권 투자를 잘못해서 능력 없는 투자자가 된 거지. 물론, 시세를 반영하는 거라서 나중에 채권이 만기가 되었을 때 가격이 오른다면 상관없겠지만 말이야.

이런 것처럼 채권 시세평가는 채권 투자자의 자본 변동을 시세에 맞춰 기록해주기 때문에 상당히 중요해. 그도 그럴 것이 채권은 언제든지 현금화할 수 있는 것이기도 하고, 그래서 시세평가를 적용하는 게 더 현실적인 회계 처리 방법이 될 거야.

나중에 채권 가격이 얼마가 될지도 모르면서 채권에 표시된 기대수익만을 회계장부에 적는다면 어떻게 되겠어? 지금 있지도 않은 돈을 회계장부엔 번 돈이라고 기록하게 될 테니까 기업 경영이 부실하게 되겠지?

기업이 부실하게 회계를 기록하면 그 피해는 고스란히 투자자들에게 돌아가는 거고, 정부에서도 세금 처리나 기타 여러 업무를 볼 때 정확한 자료가 아닌 상태에서 기록을 근거로 적용하게 되므로 제대로 된 업무를 볼 수가 없게 될 거야.

채권의 시세를 예측하려면 어떤 방법이 있을까?

금융상품에 투자하는 사람들은 그래서 신문이나 여러 방송의 뉴스를 눈여겨봐야 해. 정부의 정책이 어떻게 달라지는지도 주의 깊게 봐야 하고 새로운 정책이 언제부터 시행되는지도 알고 있어야 해.

생각해 보자. 건설 경기가 안 좋은 상황이 되면 건설회사가 발행하는 채권 가격이 낮아질 거야. 건설회사가 돈을 벌 거 같지 않은데 건설회사가 내놓은 채권을 사려는 사람들은 없다는 것이지.

그런데, 신문 뉴스를 보니 내년 여름부터 건설 경기가 살아날 조짐이 보인다는 기사가 있는 거야. 그 근거는 정부가 며칠 전에 발표한 정책 때문인데, 건설회사들을 위해 규제를 없애주고 개발

제한 지역을 해제해준다고 발표했다는 거야.

그렇다면 어때? 내년 여름부터는 건설회사가 돈을 벌 것이라는 기대가 가능하겠지? 이럴 때는 채권시장에서 건설회사들이 발행한 채권을 눈여겨보는 거야. 내년 여름쯤에 만기가 되는 건설 관련 채권을 봐도 좋고, 상업지역 개발에 장점을 지닌 건설회사를 찾아보는 거야.

하지만 시중금리 상황도 빠트려선 안 돼. 내년 여름쯤엔 시중금리가 얼마나 될지 생각해야 해. 오를지 내릴지 따져봐야 하고, 금리가 내릴 것 같으면, 지금이 뭐? 그래, 건설회사가 발행한 채권을 사야할 시점이고.

그 조건은 내년 여름쯤에 만기가 되는 채권이어야 하며, 상업지역 개발에 장점을 지닌 건설회사가 발행한 채권이어야 해. 지금 당장은 아니지만 지금 채권을 사두면 넌 내년 여름쯤엔 좋은 이익을 얻을 수 있을 거야.

양적완화가 무슨 뜻인가요?

'양적완화'라는 건 미국 정부에서 연방준비은행이 다루는 정책을 이야기하는 거야. 양적완화 축소, 양적완화 확대 등으로 말할 수 있어.

우선, 양적완화라는 건 시중에 돈의 흐름을 늘린다는 걸 말해. 시중에 돈을 풀어서 사람들이 돈을 쓸 수 있도록 한다는 의미지.

그럼 어떤 일이 벌어질까?

그래, 맞아! 사람들이 지금보다는 돈을 더 많이 갖고 있을 수 있어. 자연스럽게 소비를 늘릴 것이란 기대를 할 수 있지.

소비가 살아나면 어때? 그래. 기업이 살아나고 그 돈은 다시 정부로 돌아오게 돼. 각 나라에서 내수시장(국민들이 쇼핑을 하고 여러 투자를 하는 등의 돈을 소비하는 시장)을 살리기 위해 사용할 수 있는 방법이야.

'양적완화'라는 말은 한 마디로 시중에 돈을 더 많이 찍어서 풀겠다는 의미이고, 그 목적은 국민들이 돈을 더 쓸 수 있게 하려는데 있다는 걸 기억해두자.

그럼, '양적완화 축소'란 뭘까?

맞아. 이번엔 돈을 거둬들이겠다는 말이야. 시중에 돈이 너무 많이 풀렸으니까 인플레이션이 오기 전에 돈을 거둬들이겠다는 말이지. 돈이 너무 많이 풀리면 물건 값이 오르거든.

100원에 사과 하나를 사던 사람들인데 그 사람들에게 돈이 더 쥐어졌으니 사과 하나에 150원이나 200원을 받아도 되는 상황이 생긴다는 거야. 사람들도 느끼기에 예전엔 돈이 없어서 100원짜리 사과도 살까 말까 망설였는데 이젠 돈이 더 생겼으니 150원짜리 사과라도 사먹을 수 있다고 생각하게 되거든. 결국, 물건 값이 일제히 오르는 일이 생기지.

정부 입장에선 물건 값이 오를 경우 사람들이 또 다시 소비를 줄이고 돈을 안 쓰게 되니까 세금이 줄어들게 되고 또 다시 나라 살림 운영이 어려워질까 걱정하게 돼. 그래서 양적완화 축소를 하게 되는 거야.

그래서 미국에서 양적완화 축소를 한다는 건 연방준비은행(우리나라의 한국은행 격)이 채권시장이나 증권시장 등에 개입해서 미국 정부가 갖고 있는 채권 등을 팔겠다는 거야.

어떻게? 그래, 아주 싸게. 그러면 시중에 있는 자금이 다시 정부로 들어가겠지?

시중에 자금이 필요한 상황인데 나라에서 자금을 회수한다는 걸 말하고, 시중에 돈이 줄어들면서 시중금리가 높아지게 돼. 채권 가격이 떨어지는 현상이랑 동시에 일어나지.

그럼 어떤 일이 벌어질까?

미국은 투자금융 위주로 나라살림을 이끌어가는 구조인데, 양적완화 축소를 한다는 건 세계 곳곳에 흩어져 있던 미국 자금들이 일제히 미국 정부로 다시 돌아간다는 얘기고, 그럼 외환이 부족한 나라나 경제구조가 불안정한 나라들일수록 국가부도 사태가 생길지도 모르는 위태한 상황이 오게 돼.

미국 자금으로 투자받고 나라살림을 이끌어가던 나라들일수록 경제가 휘청거리게 되면서 어려운 상황에 빠지게 되는 거야.

미국에서 준 투자자금이 예상했던 시간보다 일찍 빠져나가는 경우를 생각해 봐. 현재 진행하던 사업들이 줄줄이 중단되거나 연기되는 상황이 벌어질 거고, 결국 그 나라 사람들은 일자리가 줄어들어 소비가 줄게 되고 나라 경제는 어려워질 수밖에 없어.

CD/CP/RP/대차 어려운 단어가 많아요!

금융상품을 거래하는 금융시장에는 금융 기간을 기준으로 구분해서 장기금융시장이나 자본시장으로 부르는 만기 1년 이상의 금융상품을 거래하는 시장이 있고, 만기 1년 이내 기간의 금융상품을 다루는 단기금융시장이 있어. 장기금융시장을 영어로 캐피털마켓(Capital market)이라고 부르고, 단기금융시장은 머니마켓(Money market)이라고 부르지.

이런 것처럼 금융시장의 하나인 채권시장에서도 자주 사용하는 용어들을 알려줄게.

CD=양도성예금증서(Certificate of Deposit)

CD란 '양도성예금증서(Certificate of Deposit)'를 말하지. 이게 뭐냐 하면 우리가 은행에 정기적으로 예금하는 정기예금과 같은 건데, 다만 이 계좌엔 이름을 쓰지 않는 게 다른 점이야.

내 예금인데 이름을 적지 않는 예금이 있냐고? 있지. 지금 그 얘기를 하는 거야.

CD계좌는 최소 500만 원 이상 또는 1,000만 원 이상을 예금해야 해. 그리고 예금자보호 대상이 아니라서 원금 보호는 안 된다는 게 특징이니까 기억해둬야 해.

정기예금이라고는 하지만 이 계좌에 돈을 넣어둘 때는 최소 30일에서 1년 이내 기간만 가능해. 이름을 적지 않는 걸 '무기명'이라고 하는데, 예금자명이 없기 때문에 금융기관들끼리 유통하면서 서로 사고팔 수 있어.

중도해지? 그건 불가능해. 하지만 예금자는 이걸 증권회사나 금융기관에게 팔 수도 있고 금융기관은 다른 일반 고객에게 또 팔 수 있지. 그래서 유통수익률이 중요해.

누구라도 발행할 수 있는 계좌이고 이자는 없는 게 특징이야. 알고 있지? 유통수익률로 투자 수익을 올리는 금융상품이란 거야.

정리해서 설명하자면 이런 거야. 만약 석준이가 돈이 필요해서 은행에 대출을 할 때 CD계좌를 만들 수 있어. 1,000만 원짜리 3개월 기간으로 정기예금 계좌를 갖는 거야. 그럼, 은행은 1,000

만 원을 석준이에게 빌려주고 그 대신 CD계좌를 만들어주지. 석준이는 3개월 이내에 이 계좌에 1,000만 원을 다시 입금하면 돼.

자, 그럼 은행은 석준이에게 1,000만 원을 대출해줬는데 이자가 없어, 그럼 어떻게 해야 돈을 벌까?

그렇지. 이 계좌의 권리를 다른 은행에 파는 거야. 900만 원도 되고, 800만 원도 될 수 있어.

금융기관에서는 매일 수익률을 알려주니까 그걸 참고해도 되는데, 어쨌든 CD계좌를 누군가 사겠지? 그럼 그 사람이 산 금액이 900만 원이라면 3개월 후에 100만 원을 벌게 되는 거야. 900만원에 사더라도 3개월 뒤에 그 계좌엔 1,000만 원이 들어올 테니까 말이야.

CP= 기업어음(Commercial Paper)

CP란 '기업어음(Commercial Paper)'이라고 하지. 기업이 돈이 필요해서 발행하는 건데 짧은 기간만 운용하는 게 특징이야. 기업 입장에선 상당히 편리한 단기 자금 융통 방법인데 투자자 입장에선 좀 위험한 방식이 될 수 있어서 조심해야 해. 왜 그런지 알려줄게.

CP는 일반적인 주식회사나 금융거래 등에서 필요한 '이사회 의결(회사의 임원인 이사들이 모여서 회의를 통해 결정하는 것)'

또는 '발행기업 등록(금융기관에 CP를 발행하겠다는 자격 등록)'을 하지 않아도 되고, 기업의 신용만으로 발행이 되는 게 특징이야. 그래서 투자자들은 기업의 위험 정도를 알 수 있는 방법이 없어. 오로지 기업의 신용상태만을 믿고 투자하는 셈이지.

기업의 신용도를 평가하는 건 신용평가 기관에서 하는데, A1, A2, A3, B, C, D 등급으로 나뉘어. C 등급 이하는 투기등급이라고 해서 위험하다고 하고, B 등급 이상의 신용도를 갖춘 기업 어음만 거래가 되고 있어.

CP는 기업이 1년 이내의 짧은 기간만 돈이 필요할 경우에 발행하는 거야. CP를 발행하면 은행이나 금융회사들이 선이자를 떼고 구입해주거나 다른 투자자들에게 판매를 해줘.

일반적으로 30일, 90일, 180일 단위로 기간을 정하는 게 보통인데, 아무도 보증을 해주지 않는 무보증이란 걸 기억해야 해.

물론, 간혹 금융기관이 CP를 판매 대행하면서 지급보증을 해주기도 하는데 특수한 경우에 속하는 거야.

기업어음에 투자하려면 CP투자 계좌를 개설해야 하는데 이자소득세도 내야 하고 중도해지할 경우엔 수수료가 높으니까 조심해야 한다.

또 조심해야할 것은 만약 CP를 발행한 기업이 부도가 날 경우,

가령 돈을 상환하지 못할 경우엔 CP 투자자들은 돈 받기가 어려워져. 은행들이 그 기업의 자산에 대해서 담보대출이나 여러 채권을 갖고 있을 경우라면 그런 돈을 다 갚은 뒤에야 기업어음 채권을 변제하게 되거든.

RP= 환매조건부채권(Repurchase Agreement)

RP란 '환매조건부채권(Repurchase Agreement)'라고 하지. RP에 대해서 이해하려면 우선 채권에 대해 다시 확인해야 할 게 있어.

채권이란 뭐였지? 일정한 기간을 정해두고 발행해서 기간이 되면 원금과 이자를 주는 것이지.

그런데, 현금이 필요한 경우 기간이 되기도 전에 팔 경우가 생기는데 이 경우 이자 수익도 기대할 수 없고 투자한 원금도 손해를 볼 위험성이 있어. 채권시장은 안정적으로 운영해야 할 텐데 여기서 문제가 되는 셈이지.

그래서 생겨난 금융상품이 바로 RP가 되는 거야.

채권을 가진 사람이 중간에 현금이 필요해서 시장에 내놓더라도 '일정 기간 후에 내가 다시 사겠다'고 약속을 한 후에 파는 조건이야. 채권 투자자 입장에선 기간이 되기 전이라도 그 이내에서만 채권을 팔았다가 다시 사오면서 자기가 원했던 투자 수익에 대해 손해를 보지 않아도 되겠지?

RP를 다루는 시장은 주로 금융기관들이 참여하긴 하는데 금융기관 중에서 다시 사겠다는 조건을 걸고 일반 투자자들에게도 판매하는 RP가 있어. 이걸 투자하는 게 안정적이지.

정리해보면, 채권시장은 장기적으로 일정 기간을 유지하는 게 필수적인데 RP상품을 통해서 그게 가능해진 거야. 채권에 투자하는 사람들이 기간을 기다릴 수 있게 해주는 장치가 된 것이지.

재무상태를 보여주는 대차대조표

대차(대조표)란 '재무상태표'라고도 부를 수 있어. 대차(貸借)라는 건 '빌려주고 빌려오고'라는 의미인데, 석준의 용돈관리부처럼 기업은 회계장부가 있거든. 여기에서 왼쪽을 차변(借邊), 오른쪽을 대변(貸邊)이라고 부르고 이 두 가지를 한 번에 부를 때 '대차'라고 하는 거야.

그래서 '차변'에 들어가는 내용은 자산이 증가한 경우, 부채가 줄어든 경우, 자본이 줄거나 비용이 발생한 경우를 쓰게 되고, '대변'에는 부채의 증가, 자본의 증가, 자산 감소, 수익 발생 등을 써 넣는 것이지.

석준이의 통장을 생각해볼까? 은행 통장 페이지를 보면 크게 세 개의 영역으로 나뉠 거야. 제일 오른쪽에는 총잔액이 나오는데, 제일 왼쪽에는 뭐가 나오지? 찾은 금액이 나오지. 중간 부분엔 입금한 금액이 나오고. 그 남은 부분엔 기타 내용을 적는 영역이 있어. 현금지급기를 사용했는지 이자인지 대출인지 그런 항목을 적는 곳이지.

대차를 적은 걸 그래서 대차대조표라고 부르는데, 기업의 재무상태를 한눈에 확인할 수 있는 거라서 재무상태표라고도 말할 수 있지.

이 외에도 MMDA(Money Market Deposit Account)가 있는데, 이건 수시입출금식 저축성 예금을 말하는 거야. 특별한 건 아니고 보통예금이랑 같아. 입출금도 자유롭게 하고 계좌이체나 대금결제도 가능하지. 장점이라고 하면 일반예금보다 높은 이자를 준다는 점이 있고, 목돈을 운용할 때 은행에 예금해둔다는 점에서 좋아.

가령, 500만 원 이상의 돈을 채권이나 주식, 펀드 등에 투자하려고 할 때 보통 예금에 넣어두기보다는 적당한 투자 상품을 찾기 전까진 MMDA 계좌에 넣어두는 거야. 그러면 시중금리를 적용받아서 이자도 일반 예금보단 높으니까 아무래도 장점이지.

게다가 일반 예금처럼 5,000만 원까진 예금자보호법에 의해서 원금 보장도 받을 수 있어.

금융투자의 지식의 깊이 '콜 시장(call market)'이란?

참고로 '콜 시장'이란 금융기관들끼리 거래하는 시장이야. 가령, 돈이 부족한 금융기관이 다른 금융기관에게 돈을 빌리는 걸 말하는데 자금을 빌려주는 쪽을 '콜론(Call Loan)', 자금을 빌리는 쪽을 '콜 머니(Call Money)'라고 말해.

금융기관들이라도 돈이 많은 곳이 있고 돈이 부족한 곳이 있다는 게 신기하지 않니? 금융기관도 그래서 TV광고를 하고 대출상품 광고도 하면서 서로 돈을 자기들 기관에 맡기라고 광고를 하는 거야.

그럼, 이자가 있냐고? 있지. 한국은행이 발표하는 콜금리가 있는데 이건 기준 이자가 될 뿐이고, 금융기관들이 거래할 때는 그때 상황에 맞춰서 적용하는 이자가 따로 있단다. 그리고 콜 시장은 한 달을 넘는 기간이 없어. 대부분 30일 이내에 마감해야 해. 해외 금융시장에서 콜 시장은 1년 이내인 경우도 있지만 우리나라에선 30일 이내로 하고 있다는 점도 기억해두렴.

* * *

"다녀오셨어요!"

엄마 목소리가 들렸다. 석준은 방에서 얼른 나와서 현관쪽으로 달려갔다. 아빠였다. 석준도 아빠에게 고개를 숙여 인사했다.

"안녕히 다녀오셨어요!"

석준이 고개를 들고 아빠 얼굴을 바라보자 미소 띤 아빠의 표정이 보였다. 엄마는 아빠 곁에서 석준을 바라보며 흐뭇한 얼굴이었다. 엄마는 아빠의 가방과 겉옷을 들고 안방으로 들어갔다. 아빠는 거실에 있는 소파로 다가갔다. 석준도 아빠를 따라서 거실로 갔다.

"석준이는 오늘 어디까지 배웠니? 어렵진 않니?"

"아빠, 오늘은 채권을 보던 중이었어요. 어렵진 않은데요, 처음 보는 단어들이 많아서 뜻을 이해하기가 쉽진 않았어요. 근데 재미있어요! 저 이거 계속 공부할 거예요!"

"그래, 무엇이든 처음이 어렵지, 계속 하다 보면 어렵진 않아. 친구를 만나는 것과 같다고나 할까? 첫 만남을 갖는 사람들은 서로 어색하고 낯설지만 계속 어울리고 만나다 보면 친숙해지고 가까운 사이가 되지? 같은 이치라고 생각해. 석준이가 금융 공부를 하다 보면 어느새 금융 전문가가 되어 있을 거야! 아빠는 석준이를 믿으니까."

"네, 아빠. 저 열심히 해볼래요. 채권이란 걸 배우는데 돈으로 돈을 번다는 게 무슨 의미인지 조금은 배우는 것 같았어요. 저도 전에는 돈을 안 쓰고 은행에 저금해서 모아야만 한다고 알고 있었거든요. 근데, 채권이란 걸 보니까 저도 채권에 투자하고 싶은 거 있죠?"

엄마가 물을 한 컵 가져와 아빠에게 내밀었다. 아빠는 엄마가 내민 물컵을 받아 한 모금 마셨다. 그리고는 따뜻한 미소를 지으며 석준을 바라봤다. 엄마는 아빠 곁에 앉았다. 아빠가 물을 다 마신 컵을 소파 앞 테이블 위에 내려두었다.

"석준아, 금융 공부를 하면서 돈에 대해 알아가고 돈을 불리는 법을 배우는 건 좋은 일이야. 하지만 돈에 대해 알아갈수록 반드시 기억해야만 하는 게 있단다."

"네, 아빠. 가르쳐주세요."

석준이 아빠 얼굴을 쳐다봤다. 아빠는 엄마 얼굴을 바라보며 씨익 웃었다. 호기심 가득한 석준이가 귀엽다는 표정이었다. 아빠는 다시 석준을 바라보고 말했다.

"오늘은 채권을 배웠지만 내일이나 모레쯤에는 주식이나 펀드에 대해서도 배우게 될 거야. 채권, 주식, 펀드만 배워도 금융상품에서 가장 중요한 세 가지는 다 배운 거란다."

"네, 아빠."

"그러면 석준이가 돈을 버는 방법에 대해 많이 알게 되는 건데……, 어때? 석준이는 왜 부자가 되려고 하지? 금융 공부를 하고, 채권을 알게 되고, 주식이나 펀드를 배울 생각을 하면서 어떤 생각이 드니?"

"오늘은 채권만 배웠지만요, 정말 재미있어요. 돈으로 돈을 사서 돈을 버는 방법을 처음 알았어요. 그런데, 무섭기도 했어요."

"어떤 부분이?"

아빠가 엄마를 보고 미소를 지었다가 다시 석준을 돌아봤다.

"금융상품을 산다는 건 철저히 투자하는 걸로 다가서야 하는데요, 투자는 다른 사람이 책임져주는 게 아니라 완전히 스스로 책임져야 한다는 게 그래요. 저는 아직 어린데, 다른 건 엄마나 아빠에게 부탁하고 달라고 하면 되는데 투자는 완전 제 책임이라고 하는 거라서 제가 과연 잘할 수 있을지 그게 제일 걱정이에요."

부자가 되면 뭐할 거니?

아빠가 입가에 미소를 지었다.

"석준이가 알아야 할 게 바로 그거란다. 석준이가 제대로 공부를 하고 있구나. 투자는 철저히 자기 책임 하에서 하는 거야. 그래서 투자에 실수해서 손실을 봤을 경우에도 자기 책임인 걸 알아야 하고, 모든 투자를 할 땐 신중히 해야 하는 거야."

"하지만, 그래도 엄마 아빠에게 물어볼 거예요. 제가 투자할 때 궁금한 점 여쭤보면 말씀해주실 거죠?"

"그럼. 당연하지. 그런데, 석준아, 또 배우거나 느낀 점은 없어?"

"네? 어떤 점이요?"

석준이 눈을 동그랗게 뜨고 아빠 얼굴을 쳐다봤다. 엄마는 아빠에게 눈짓을 보내며 석준에게 미리 말해주라고 하는 듯 보였다.

"투자를 잘하면 어떻게 되지?"

"돈을 많이 벌고 부자가 되죠."

"부자가 되면 뭐할 거니?"

"게임 아이템 살 거예요."

"그리고 또?"

"그리고요? 남는 돈은 또 투자를 해서 돈을 더 벌고요, 새로운 게임이 나올 때마다 아이템을 살 거예요. 진짜 즐거울 것 같아요."

아빠 얼굴에서 웃음기가 사라졌다. 석준을 바라보는 눈빛은 여전히 사랑스럽고 따뜻한 표정이었지만 말이다.

"부자가 된다는 건 나 혼자만 즐거우면 된다는 뜻은 아니야. 부자가 된다는 건 사회에 돌려줘야할 책임이 생긴다는 뜻이거든."

"네? 좀 어려워요. 제가 고생해서 돈을 번 건데 왜 사회에 돌려줘야 해요?"

아빠가 석준을 바라보며 미소를 띠었다.

"석준이가 돈을 번 곳은 어디지?"

"우리나라요."

"우리나라엔 석준이랑 또 누가 살고 있지?"

"우리나라 사람들이요."

"그렇지? 그럼, 석준이가 채권에 투자하고, 돈을 모으고, 금융상품에 투자할 수 있었던 것은 누구 도움이 있어야만 가능했을까? 석준이 혼자서 가능한 일이었을까?"

"아뇨. 채권시장에서 일하는 사람들, 채권을 중계하는 사람들, 은행 사람들, 뭐 그런 사람들 다 있어야죠."

"그렇게 사람들이 많이 모여서 같이 살아가는 곳을 뭐라고 부를까?"

돈보다 중요한 돈에 대한 태도

석준이 놀란 얼굴을 보였다. 엄마랑 아빠는 석준의 다음 말을 기다리며 석준의 얼굴을 바라보기만 했다.

"사회요."

"그렇지. 맞아. 우리가 돈을 벌고, 일하고, 식사를 하는 것처럼 모든 일들이 사회에서 가능한 거야. 그래서 우리가 부자가 되면 우리가 벌어들인 걸 혼자 다 갖는 게 아니라 사회에 돌려줘야할 부분이 생기는 거야. 세상은 절대로 혼자서 다 할 수는 없는 곳이거든. 그래서 그래."

"아, 네. 무슨 말씀이신지 알겠어요. 저도 부자가 되어서 사회에 봉사도 하고 좋은 일에 돈도 쓰고 싶어요. 꼭 그럴게요. 아빠, 엄마."

석준이 윙크를 하며 오른손 엄지손가락을 아빠 엄마 앞에 들어 보였다. 아빠와 엄마가 석준의 모습을 보고 웃음을 띠었다.

"그리고 석준아."

"네?"

소파에서 일어나 자기 방으로 들어가려던 석준이 다시 자리에 앉았다. 아빠가 석준이를 불렀다.

"석준이가 돈을 벌고 부자가 된다면 어때 기분이 막 좋지?"

"네! 그럼요! 저 제가 잘하는 걸 찾을 것 같아요. 이거 잘해서 친구들에게 막 자랑도 하고 그러고 싶어요."

"그래서 말인데, 가령 채권을 잘 사고팔아서 석준이가 돈을 벌고 부자가 되었어. 그럼, 다른 사람들은 어떨까? 다른 사람들도 석준이처럼 부자가 되었을까?"

"아뇨. 손해를 본 사람도 분명 있을 거예요."

"그렇지? 그럼, 석준이가 돈을 벌었다고 자랑하고 다니면 상대적으로 돈을 잃은 그 사람들은 어떤 기분이 들까? 겉으로는 석준이에게 부럽다며 축하를 해주겠지만 그 사람들 마음은 어떨 것 같아?"

석준이 다시 골똘히 생각에 잠겼다. 거실 바닥을 바라보며 한참을 가만히 생각만 하던 석준이 고개를 들고 아빠 엄마를 번갈아 쳐다봤다.

"아, 맞아요. 아빠, 엄마! 제가 잘못 생각했어요. 제가 앞으로 돈을 많이 벌고 부자가 된다고 해도 그걸 자랑하고 다니면 안 될 것 같아요."

"그래? 그건 왜 그렇지?"

아빠와 엄마가 석준을 계속 지켜보며 물었다.

"왜냐면, 제가 투자를 해서 돈을 벌었다고 하는 건 상대적으로 다른 사람들 누군가가 돈을 잃었다고 하는 거, 손해를 본 사람이 있다는 말이잖아요. 그럼, 그 사람들은 제 모습을 보고 기분 나빠할 거 같아요. 저는 돈을 벌어서 기분이 좋지만 그렇지 못한 사람들은 마음이 아프고 화가 날 수도 있을 거니까요. 제가 부자가 되더라도 자랑하거나 그러진 말아야겠어요."

"딩동댕!"

엄마였다. 엄마는 항상 석준의 의견을 존중해주고 석준이 올바른 생각을 할 때면 딩동댕이란 말로 칭찬을 대신했다. 석준은 엄마의 의도를 이제야 알 것 같았다.

석준은 서둘러 자기 방으로 들어갔다. 내일 학교에 갈 준비를 해야 했다. 오늘 하루는 석준에게 있어서 공부 이상의 것을 배운 날이었다. 한 달에 받는 용돈 6만 원이 결코 작은 돈이 아니었으며 앞으로 석준이 하기에 따라서 얼마든지 늘어날 돈이란 걸 깨달은 하루였다.

제3부

Hi, 주식(stock/share)!

"엄마! 엄마!"

"응, 석준아?"

학교가 끝나자마자 집으로 달려온 석준이 현관문을 들어서자마자 엄마를 찾았다. 엄마는 안방에서 나오며 석준을 맞았다. 석준은 거실로 들어오며 엄마에게 빨리 자기 옆에 앉으라고 했다. 엄마가 석준이 옆에 앉았다.

"엄마, 아빠는 어떤 회사 다니세요? 주식회사? 유한회사? 개인회사? 대기업? 중소기업? 소상공인? 뭔가요?"

"아하! 석준이가 오늘은 회사에 대해서 배울 차례구나? 아빠 회사는 대기업이기도 하고 주식회사이기도 해."

"아, 그래요? 같을 수도 있는 거예요?"

"그럼. 회사의 자본금 규모와 매출액에 따라서 중소기업, 대기업으로 구분하거든. 그리고 주식을 발행하는 회사인지 아닌지에 따라서 주식회사이거나 개인회사가 되는 거야. 참, 유한회사는 주식회사랑 비슷한 회사이긴 해. 주식회사가 자기가 가진 지분만큼 책임을 지는 회사라고 한다면, 유한회사란 자기가 출자한 자금만큼만 책임지면 되는 회사인 거지."

"아, 그래요?"
석준이 고개를 끄덕였다.

"소상공인이란 말은 자영업자라는 말과 같아. 우리 동네에도 보면 ㅇㅇ치킨, ㅇㅇ햄버거, ㅇㅇ슈퍼마켓처럼 가게들이 많이 있지? 이런 곳을 가리켜 소상공인이라고 부르기도 해."
"네, 이제 알겠어요. 사실 어제 잠들기 전에 조금 보던 내용인데 집에 오면서 오늘은 뭘 배울까 하다가 갑자기 궁금해졌거든요."

엄마는 석준을 보며 소파 앞 테이블 위에 두었던 종이를 건넸다.
"오늘은 여기. 아빠가 어제 준비해 주신 자료야."
"이거요? 이건 뭔데요?"
"주식에 대해서 알아보는 시간이야. 그럼, 잘 해 보렴! 우리 석준이 화이팅!"

주식이란 뭔가요?

오늘은 주식에 대해 알아보자.

주식이란 뭘까?

주식에 대해 알아보기 위해 우선 석준이에게 1만 원이 있다고 해보자. 1만 원으로 회사를 만들 경우를 설명해주면 주식에 대해 이해할 수 있을 거야.

10,000원이 있을 때 이 돈으로 회사를 만드는 방법은 여러 가지가 있어.

먼저, 개인기업인 경우인데, 세무서에 가서 사업자등록증을 신청하면서 내가 살고 있는 집을 주소지로 할 수 있어. 사업자등록증과 사업장(집 주소), 사업장 연락처(핸드폰)를 갖췄으니 이제 사업을 시작할 수 있지.

이처럼 특별한 제한이 없이 누구나 자기 자금 이내에서 시작할 수 있는 회사가 개인기업이야. 대표는 1명이고 회사의 자금은 대표가 가진 돈이 전부가 되는 것이지.

그럼, 주식회사는 뭘까?

주식회사는 대표 1인이 만들 수가 없어. 대표 1인, 이사 1인, 감사 1인으로 최소 3명 이상의 사람이 필요하고, 그 대신 회사 자금은 대표가 100% 다 준비해서 시작할 수 있지.

그럼, 개인회사랑 주식회사랑 똑같은 거 아니냐고?

그건 아냐. 개인회사는 대표가 자금을 경영상 자유롭게 사용할 수 있지. 수익을 내도 그중 몇%를 다시 투자할 것인지, 어디에 투자할 것인지 등등, 자금 관리 면에서 자유롭다는 특징이 있어.

반면에 주식회사는 '법인'이라고 부르면서 자금 관리가 철저하게 법적 제약 범위 내에서 이루어져야 해. 대표가 마음대로 쓸 수 없다는 차이가 있지.

주식회사가 개인기업과 다른 점은 회사를 구성하는 경영진의 책임 범위야. 개인기업은 대표 1인이 모든 책임을 지는 반면에 주식회사는 '등기임원'으로 말하는 '이사'들이 경영상 책임을 지게 되거든. 대표이사를 포함해서 이사, 감사처럼 자기가 맡은 임무에 준해서 책임을 져야 해.

출자금 액수만큼 증권을 만들어 보관하는 것이 주식이야

회사를 시작할 때 모아진 10,000원의 자금은 회사의 경영 자금이 되어서 10,000원에 해당하는 증권을 만들어서 보관해야 해. 이걸 '주식'이라고 부른단다.

한 주당 가격은 정하기 나름이야. 100원도 되고 500원도 되는 반면에 총합계 금액이 10,000원이 되어야만 해.

생각해볼까? 한 주당 100원짜리 주식이라면 10,000원어치면 총 몇 주가 필요하지? 맞아, 100주가 필요하지. 한 주당 500원짜리 주식이라면? 그래, 20주가 필요해.

그럼, 100주가 되건 20주가 되건 간에 주식회사를 만들 때 자금을 댔던 사람들이 있을 건데, 이들이 이 주식을 각자 투자한 금액만큼씩 나눠 갖게 되는 거야.

가령, 석준이가 10,000원을 전부 투자했다면 주식회사의 주식이 100주가 되건 20주가 되건 상관없이 이 회사의 지분(주식 보유 수)은 100% 석준이 것이 되는 셈이지. 그러나 다른 사람들이 주주(지분에 참여한 사람)로 참여해서 그들도 돈을 투자한 게 있다면 각자 투자한 금액만큼 주식을 나눠가지는 거야.

석준이가 5,000원을 투자하고, 이사가 된 사람이 3,000원, 감사가 된 사람이 2,000원을 투자했다고 해볼까? 한 주에 100원짜리 주식을 100주 만들었을 때, 50주는 석준이가 갖고, 30주는 이사가, 20주는 감사가 갖게 되지. 이걸 지분을 분배해서 갖는다고 하고, 이 주식회사를 경영하면서 각자 투자한 금액 대비 보유한 지분만큼 책임을 지게 되는 거야.

주식회사는 회사를 사람처럼 인격체로 대우해 준다는 의미

주식회사는 '법인'이라고 부르는데 이 의미는 '법적 인격체'라는 말이야. 인격은 사람에게 적용하는 용어잖아? 그러니까 법인이란 회사를 법 안에서 인격체로 인정해준다는 의미와 같아. 법적으로 하나의 인격체로 보호받는 것, 그게 주식회사란 것이지.

주식회사는 '법적으로 인격을 보호'받는 존재이기 때문에 사업 활동을 할 수 있어. 사람처럼 똑같이 법적으로 대우를 해주게 된단다. 주식회사가 운영되려면 경영권을 가진 사람이 필요하잖아? 회사 대표이사가 될 수도 있는데 경영권이란 '법인'의 '의사결정권'이라고도 해.

그럼 의사결정권을 가진 사람은 어떻게 지정할까?

그렇지, 지분으로 결정할 수 있어. 누구 지분이 더 많은지에 따라서 회사를 경영할 때 의사결정권을 갖는 거야.

생각해 보자. 석준이가 50%의 지분을 가졌고, 이사가 30% 지분이 있어. 누가 의사결정권을 가질까? 그래, 석준이가 갖는 거야.

그럼, 석준이가 지분 50%인데 비해서 이사랑 감사의 지분을 합했더니 50%가 되었지? 이 경우엔 누가 의사결정권을 가질까?

대표이사인 석준이? 아니야. 이 경우엔 석준이와 이사, 감사의 합쳐진 의사결정권이 똑같아. '석준 vs. 이사+감사'가 되는 거야.

어떤 일이 벌어질까? 회사가 제대로 굴러가기 힘들겠지? 의사결정권이 똑같으니까 누구 말을 들어야할지 힘들어질 수밖에 없어. 그래서 지분을 정할 때 어느 한 사람이 반드시 50% 넘는 지분을 가져야만 경영권(의사결정권)이 생기게 돼. 51%가 될 이유는 없어. 50.00001%만 되도 괜찮아. 주식회사의 총 지분 중에서 50%만 넘으면 의사결정권이 생기는 거야.

이제 알겠지? 이처럼 지분을 정하는 것도 '주식 수'를 누가 얼마나 더 가졌느냐에 따라서 결정되는 거란다.

주식회사의 자금은 모두 법인의 것

주식회사는 10,000원이란 돈을 현금으로 들고 사업자금으로 마음대로 사용하는 건 아냐. 회사 자금은 대표이사 것도 아니고, 이사 것도 아니며 감사 것도 아니야. 회사 직원들 것도 아니지.

그럼, 누구 걸까?

그래! 회사 자금은 투자자들이 있다고 하더라도 회사가 설립되는 순간부터는 그 '법인'의 것이 되는 거야. 대표이사도 자기가 100% 자금을 투자한 것이라고 해도 자기 마음대로 자금을 쓸 수가 없어. 법인이라는 다른 인격체의 돈이 된 후라서 그래.

회사의 자금은 어떻게 쓸 수 있을까?

회사의 영리활동을 위해서 법적 범위 내에서 사용되면 괜찮아. 회계 규정 상에 있는 비용도 해당되고, 사업활동을 위해 합리적으로 지출되는 금액이라면 괜찮아. 회사 자금을 어떻게 쓰는지 강조해서 말해주는 이유는 매우 중요해서 그래.

만약에 대표이사가 회사 자금을 회사 업무가 아닌 개인적인 용도로 사용했다면? 이건 법인의 돈을 개인이 마음대로 갖다가 쓴 거라서 범죄가 될 수 있어. '횡령'이라는 죄가 될 위험이 크지.

게다가 법인 돈을 대표이사가 사업활동이라면서 경영상 판단을 해서 썼다고 해도 그 경로가 합리적인 게 아니라면 '배임'이란 죄가 될 수도 있단다.

'배임'의 대표적인 예로, 법인에게 손해가 날 상황인데도 대표이사가 마음대로 돈을 사용한 경우를 말해. 법인의 돈을 개인이 마음대로 쓴 것이면서 동시에 법인에게 이익을 주지 못하고 손해를 끼칠 것을 뻔히 알면서도 썼다는 게 문제가 되는 거야.

어때? 개인회사와 주식회사의 차이점을 확실히 알겠지?

주식 매수를 하고 싶어요!

주식에 투자한다는 것은 주식회사의 지분을 산다는 것과 같아. 앞에서 말한 경우를 생각해보면, 10,000원으로 만든 100원짜리 주식 100개가 있었지? 그중에서 10개를 인수했다고 하면 그 사람은 그 회사의 지분 10%를 갖게 된 거랑 같아.

그럼, 10,000원의 자금을 가진 회사의 100원짜리 주식 10개를 사려고 할 때 1,000원만 투자하면 되냐고? 그건 상황에 따라 달라. 주식에 투자한다는 건 단순히 얼마짜리 주식을 산다는 게 아니야. 그 회사의 가치를 보고 미래에 얼마짜리 회사가 될 것이란 예측을 해서 투자하는 것이거든.

예를 들어서, 10,000원 자금을 투자해서 100원짜리 주식을 100개 가진 주식회사일지라도 1년 후, 5년 후에는 이익을 많이 내는 회사 될 수 있을 거야. 그때가 되면 투자자들이 이 회사 주식을 사려고 밀려올 것이고 한 주당 가격은 100원이 아니라 300원, 500원이 될 수도 있거든. 회사 가치가 올랐다는 표현을 할 때가 이 때야.

눈치 챘니? 그래.

주식 투자는 이런 것처럼 회사의 미래가치를 보고 그 회사가 발행한 주식을 합리적인 가격 수준에서 사들이는 거야.

100원짜리 주식을 가진 회사인데 5년 안에 그 회사가 5배 성장할 가능성이 보인다고 했다면 어떻게 해야겠니? 원래 가격은 한 주당 100원이지만, 200원, 300원, 400원을 주고라도 사둬야 하겠지? 주식을 사두고 5년만 기다리면 한 주당 가격이 500원이 되니까 투자한 금액보다 이익이 생기는 거잖아?

이걸 주식 투자라고 하는 거란다.

회사의 지분에 참여해서 그 회사의 주식을 사는 거야.

주식 투자는 회사의 가치를 정확히 판단하는 게 중요해

그래서 주식 투자를 할 때는 회사 가치를 정확하게 판단할 수 있는 지식이 제일 중요해. 그 회사가 하는 사업이 앞으로 발전할 것인지 쇠퇴할 것인지 예측해야 하고, 그 회사 경영진이 경영을 잘하는지 못 하는지, 도덕성까지도 중요하게 여기게 되지.

주식 투자를 할 때 가장 큰 문제는 주식을 사는 방법이야.

증권시장에서 증권계좌를 통해 주식을 사고 팔 수도 있지만 그건 그 주식회사가 유통하는 주식 수 이내에서만 살 수 있고, 주주들이 안 팔겠다는 주식까지 다 달라고 해서 살 수는 없어.

좋은 회사가 있고 그 회사의 주식이라면 증권시장에 나오는 대로 다 살 텐데 막상 그 회사의 주주들이 가진 주식을 내놓지 않을 경우가 생기거든.

왜인지 아니?

주식회사는 주식을 팔아서 돈을 벌겠다고 만든 회사는 아니라서 그래. 대부분의 주식회사는 회사를 팔지 않고 회사를 만든 사람이 직접 경영하면서 발전하려고 하거든. 다만, 경영상 자금이 필요할 때를 대비해서 주식을 내놓고 팔게 되는 건데 이 주식 수가 극히 제한적이어서 금방 동나 버리고 만다는 게 문제지.

그럼, 어떻게 될까?

누가 보더라도 이익률이 좋은 회사가 있어. 그런데, 그 회사 주식은 증권시장에 나오기가 무섭게 사람들이 사버린다고 해보자. 그 주식회사 한 주당 주식 가격이 1,000원이라고 해도 증권시장에서 거래되는 시세는 얼마가 될까? 수요는 많은데 공급이 적으니까 가격이 비싼 건 당연하겠지?

증권시장에 보면 한 주당 가격이 5,000원인데 시세는 한 주당 가격이 100만 원이 넘는 주식도 있는 이유가 바로 그거야.

그럼 그 회사 주식을 살 방법은 없냐고?

있긴 있어. 가령, 그 회사를 설립하고 많은 지분을 보유한 사람은 자기 지분이 줄어들 정도로 지분을 팔진 않겠지만 다른 사람들, 증권시장에서 그 회사 주식을 사들이면서 가격이 더 오를 때까지 기다리고 있는 사람들이 있잖아? 이들에게 주식을 팔라고 공개적으로 이야기를 하는거야.

이걸 '주식공개매수(Tender Offer)'라고 한단다.

주식공개매수

주식공개매수는 회사 경영자이면서 경영권을 안전하게 지키려는 사람이 할 수도 있고, 그 회사를 인수하려는 세력이 공개적으로 증권시장에 공개를 하는 경우도 있어. 우리가 그 회사 주식을 현 시세 100만 원보다도 더 비싼 200만 원에 살 테니 주식을 가진 사람은 우리에게 팔라고 공개하는 거야.

증권시장에서 공개적으로 살 경우엔 경쟁자들이 더 빨리 살 수도 있으니까 증권시장에선 공개만 하고 거래는 밖에서 하지. 이때 주식을 살 방법과 조건을 걸게 돼. 증권시장이 끝난 후거나 시장 외에서 얼마의 가격에 어느 정도의 수량을 사겠다고 공지하는 것이지.

공개매수 방법은 주로 좋은 회사를 인수하려는 세력이 주식을 가진 사람들에게 내거는 조건이기도 한데, 가끔은 회사의 주주들이 경영권을 빼앗기지 않으려고 직접 공개매수를 내거는 경우도 있어. 우리 회사를 인수하려는 사람들에게 주식을 팔지 말라, 우리가 대신 사겠다,고 하는 거야.

주식회사를 사이에 두고 인수하려는 세력과 지키려는 세력이 서로 더 많은 지분을 확보하려고 경쟁이 벌어지는 순간이야. 어떨 거 같아? 맞아, 주식 한 주당 가격이 계속 오르겠지.

우리나라에서는 증권시장이랑 중개시장 외에서 10명 이상으로부터 5% 이상의 주식을 6개월 이내에 취득할 경우에 한정해서 주식공개매수를 법적으로 허용해주고 있어.

절차적 방법으로는 공개매수 신고서를 증권거래위원회에 제출하고 10일이 지난 후부터 가능하고, 공개매수 기간은 20일 이상~60일 이내에 기간을 정해서 해야 해.

주식 투자에 대해서 알아봤는데 어때? 흥미진진한 세상의 이야기 같지 않니?

주식 매도는 언제 해야 하나요?

주식을 파는 방법에 대해 알아볼까?

석준이도 뉴스나 여러 정보를 통해서 들었던 적이 있을 거야. 주식을 샀는데 처음엔 오르다가 조금 지나니까 가격이 폭락하더라, 계속 오를 줄 알았는데 계속 떨어지더라 등등 말이야.

주식은 치킨게임이라고 하지. 어느 회사 주식이 오를 것인지, 내릴 것인지는 아무도 모른다고 하는 게 맞아. 다만, 증권시장에 주식 투자자들이 돈을 모아두고 누가 더 가져가느냐를 다루는 게임(치킨게임)이라고 부르는 사람도 있지.

주식은 한 번 투자하면 그 회사의 발전을 믿고 기다리면서 장기간 투자하는 게 원칙이야. 외국의 경우엔 단기 투자자보다는 장기 투자자들이 많아. 그래야만 투자금을 확보한 주식회사들이 기술을 개발하고 영업을 하면서 수익을 낼 기간을 충분히 확보할 수 있거든.

단기 주식 투자만 하는 경우라면 증권시장에 주식을 내놓은 회사들 입장에서도 좋은 건 아냐. 투자금을 쓸 만하면 이내 빠져나가버리고 주식 가격이 떨어져서 자금조달이 어려워지거든. 회사들 입장에서는 장기 투자자가 많은 게 좋겠지.

하지만 투자자들 입장에선 어떨까?

가격이 오를 것이란 기대를 하고 주식을 샀는데 바로 다음 날부터 가격이 떨어진다면?

괜한 투자를 한 것 같고 속이 시커멓게 타들어 갈 거야. '내 돈, 내 돈' 하면서 매일 증권시장에 들어가 보고 주식 가격이 떨어질 때마다 가슴을 졸이게 될 거야. 결국, 어떻게 하려고 할까? 그래, 팔려고 하지. 더 이상 손해를 보지 않으려면 무조건 팔아야 한다고 여길 거야.

과연 그럴까?

주식 가격이 떨어진다고 하면 팔아야할 시점이 있어.

예를 들어 줄게. 석준이가 증권시장에서 한 주에 1,000원 하는 주식을 10개를 샀다고 해보자. 주식 투자금은 10,000원을 썼어. 그런데, 다음 날부터 주식 가격이 떨어지더니 대뜸 한 주에

950원이 되어버렸어. 석준이는 어떻게 해야 할까? 투자금 대비 5% 손해가 발생한 경우야. 어떻게 하겠니? 이 경우엔 빨리 팔아야 해.

5% 갖고 그럴 것까진 없다고?

오늘은 떨어졌지만 내일은 오를지도 모르는데 조금 더 갖고 있어 볼 거라고?

안 돼! 그러면서 주식 투자자들이 손해를 봤던 거야. 왜 그런지 아니? 이유를 설명해줄게.

5% 손해가 발생하면 팔아야 되는 이유

1,000원짜리 주식이 950원이 되었다는 건 5% 손해야. 10,000원을 투자했는데 주식 가격이 떨어져서 현 시세로 석준이가 보유한 금액은 9,500원이 되었어.

5% 손해를 봤다면 바로 팔아야 해. 왜냐하면 5% 정도 손해는 9,500원을 갖고 얼마든지 복구할 수 있는 손해거든. 10,000원에서 9,500원이 되었다는 건 500원을 손해 봤다는 거고, 10,000원에서 5%를 손해 봤다는 거야. 그러나 석준이한테 남은 금액 9,500원에서 500원이란 금액은 5.2%에 해당되는 금액이야. 9,500원으로 5.2%의 수익을 올려야만 10,000원이 되고 본전을 만들 수 있어.

그럼, 이번엔 10,000원에서 500원 손해 봤는데도 오르길 기다리면서 조금 더 기다려보다가 2,000원을 손해 봤다고 해보자.

10,000원에서 2,000원이 떨어졌다면 이건 20% 손해야. 석준이는 어떻게 할 거니? 지금이라도 팔 거니? 아니면 조금 더 기다려볼래?

이미 팔기엔 늦은 순간이지만 지금이라도 팔아야 해. 왜냐고? 그 이유는 이래.

8,000원의 2,000원은 25% 손해야. 남은 8,000원으로 25% 수익을 올려야만 가까스로 본전 10,000원을 회복한다는 얘기가 돼.

가능할까? 5.2% 수익을 복구하는 게 쉽니? 아니면, 25% 수익을 복구하는 게 쉽니? 주식 매도 시점을 파악할 때 중요한 이야기야. 사람들은 자기가 투자한 금액에서 가격이 떨어진 금액만큼을 빼고 그만큼 손해 봤다고 생각하는데 이게 착각이야.

손해를 본 게 중요한 게 아니라 본전을 회복하거나 이익을 낼 방법을 생각해야 하거든. 5% 손해를 보면 5.2% 수익을 올려야 복구가 되고, 20% 손해를 보면 25% 수익을 올려야 본전을 회복할 수 있거든. 손해 금액이 커질수록 본전을 되찾을 수 있는 가능성은 점점 줄어들어.

50%를 손해 봤다고 해볼까?

10,000원을 투자했는데 계속 주식 가격이 떨어지더니 5,000원이 되었다고 하자. 손해율은 자그마치 50%야. 10,000원을 투자했는데 잔금이 50%밖에 안 남았어. 지금이라도 빨리 팔아야 해.

생각해 보자. 석준이에게 남은 5,000원으로 손해 본 금액 5,000원을 원상복구 시키려면 수익률이 100%가 되어야 해. 주식 투자로 100% 수익률을 올릴 가능성은 거의 불가능에 가까워. 대부분의 주식 투자하는 사람들이 손해를 보는 이유야.

지금 당장 눈앞에서 떨어진 금액만 계산할 뿐이지, 남은 돈으로 손해를 복구할 확률은 생각하질 않아서 자꾸 손해를 보는 거야. 주식 가격이 떨어질 때 팔아야할 시점을 알아채는 전략이야.

주식을 팔아야 할 때를 아는 방법은 또 뭐가 있을까?

주식 투자를 시작하면 정부에서 발표하는 정책을 귀담아 들어야 해. 해외경제 상황도 눈여겨봐야 하고, 내가 투자한 회사의 주식 가격을 매일 확인하고 등락폭을 점검해야만 해.

정부 정책은 분기별로, 반기별로, 연간 추진 사업별로 발표를 하는데, 주로 육성해야 할 사업을 정해서 발표하거든. 이 경우, 내가 투자한 회사가 정부정책 육성사업에 속해있다면 주식 가격이 오를 가능성이 높아지는 거야. 비육성 종목이라면 주식 가격 하락이 예상되니까 빨리 팔아야할 시기가 언제인지 봐야하는 거지.

주식분할/주식증자는 뭔가요?

이번엔 주주 입장에서 주식과 지분을 활용하는 방법이야. 앞에서 투자자 입장에서 주식을 살 때와 팔 때를 알아봤다면 이번엔 주주 입장에서 주식 투자하는 방법인 셈이지.

그럼, 시작해보자.

우선, 자본은 그대로 두고 주식 수만 늘려서 주주들에게 지분 비율에 따라 균등하게 나눠주는 '주식분할(stock split-up)'이란 게 있어.

일반적으로, 주식 가격이 너무 올랐을 때 개인투자자들이 들어오지 못한다면 주식 가격을 낮춰서 쉽게 해주는 방법이기도 하지. 주주 입장에서도 크게 나쁠 것은 없어. 주식분할을 하는 시점에서 자기가 가진 지분율 그대로 분할한 주식을 추가로 나눠주는 거니까 전체 지분율에는 변동이 없거든.

오히려 자기가 가진 주식 수가 늘어나니까 나중에 주식 가격이 또 오를 경우 자기가 받게 될 이익이 늘어난다는 게 장점이야.

주식분할은 그 회사가 가진 주식 전부에 대해서 동일하게 분할해야 하거든. 그 대신 반드시 1주를 2주로 분할하는 거야.

주식분할은 자본의 증가는 없지만 전체 주식 수가 늘어난다는 거랑 1주의 금액이 변한다는 게 특징이지. 그래서 주주총회를 열어서 결의를 거쳐야 하고 1주의 금액은 100원 이상으로 해야만 해.

그럼, '주식증자'란 뭘까?

'증자'라는 건 회사의 자본금을 늘리는 거야. 자기자본조달이라고도 부르는데 새로운 증권(주식)을 발행해서 전체 주식 수를 늘리고 추가 발행된 주식을 판 대금을 자본으로 흡수하게 되는 것이지. 새로운 주식을 발행하면 인수하려는 주주들이 주식 자금을 추가 납입해주면서 회사의 자본을 늘리는 거야. 이걸 '유상증자'라고 부르지.

반대로 '무상증자'도 있어. 무상증자는 회사에 있는 여유 자금을 자본으로 삼으면서 같은 금액만큼 주식을 발행하고 이걸 주주들에게 각자의 지분만큼 돈을 받지 않고 나눠주는 방식이야.

회사가 돈이 부족할 땐 유상증자, 회사 여유자금이 있을 땐 무상증자를 한다고 기억하면 되겠지?

해외주식도 사고파나요?

해외에도 주식을 발행할 수 있을까?

주주의 입장에서 주식 투자를 하는 방법도 알았고, 투자자의 입장에서 주식을 사고파는 방법도 알았는데, 한 가지 더 알아둬야 할 게 있어.

우리나라 증권시장에서 주식을 발행하고 투자자들이 살 수 있게 하는 것 외에도 해외 투자자들이 우리나라 증권시장에 참여해서 주식을 살 수 있다는 사실이야.

이걸 '해외주식예탁증서(Global Depositary Receipts)'라고 하지. 세계의 금융시장에서 발행하고 유통할 수 있는 주식을 말해. 신용도가 높은 기업만 가능한 것이긴 하지만 우리나라 증권시장에 외국인들이 직접 참여할 수 있게 했다는 게 특징이야.

그럼, 증권시장에서 주식을 직접 사냐고?

그건 아냐. 우리나라 증권시장에서 거래되는 주식을 외국인이 산다고 해보자. 그걸 외국으로 어떻게 가져갈 것인지 운송수단도 알아봐야 하지? 그리고 한글로 쓰인 주식일 텐데 외국 사람들이 그걸 이해하고 보관을 어떻게 할 것인지 여러 문제가 고민이 될 거야.

그럼 어떻게? 해외 투자자들은 우리나라 회사들의 주식 대신 예탁증서를 받아서 주식 투자 근거로 삼을 수 있어. 이걸 DR이라고 부르는 것이지.

이 외에도 우리나라 기업이 해외 증권시장에 발행하는 증권으로는 전환사채(CB), 신주인수권부사채(BW)로 두 가지 종류가 더 있어. DR을 포함해서 CB, BW를 투자한 외국인이라면 일정 기간이 지난 후에는 우리나라 기업의 주주가 될 수 있는 거야.

전환사채는 나중에 사채(회사채)에 표시된 금액만큼 새로 발행한 주식으로 바꿀 수 있는 권한이 있어. 신주인수건부사채는 확정된 조건 내에서 나중에 회사가 발행하는 주식을 인수할 수 있는 권리를 갖는 거야.

이렇게 우리나라 기업들이 해외 금융시장에서 주식을 발행할 경우 국내 증권시장에선 주식 가격이 떨어질 우려가 있을 수 있는데 요즘엔 세계 금융시장이 하나의 시장처럼 서로 유기적으로 연결되어 운영되는 까닭에 어떤 기업일지라도 조건만 갖추면 자유롭게 해외증권시장에서 주식을 발행할 수 있게 되었지.

기업평가 할래요!

주식 투자는 기본적으로 어떤 기업이 좋은 기업인지 평가하는 방법을 알아야 해. 누가 알려주는 건 아니지만 그렇게 어렵지도 않으니까 이번에 잘 보고 기억해두렴. 대표적으로 두 가지 방법을 알려줄게.

우선, PER(Price Earning Ratio)이라는 것이 있는데 주가수익률을 말해.

어떤 기업이 있는데 이 기업의 주식 가격을 주당순이익으로 나눈 값이야. 같은 분야의 기업을 평가할 때 각 기업의 주당순이익률을 구해서 현재 그 기업의 가치가 저평가 상태인지, 고평가 상태인지 파악하는 방법이기도 하지.

하지만, 취급하는 품목이 전혀 다른 두 기업 간의 비교는 불가능하다는 걸 기억해야 해. PER은 업종이 같은 기업을 비교할 때 주식 가격이 얼마가 적정한지 알아볼 때 사용하면 좋아.

기업가치를 알아보는 방법으로 EV(Enterprise Value)라는 것이 있어. 어떤 기업이 미래에 얻게 될 총수익을 이자율로 나눠서 그 기업의 가치를 현재 시점 기준으로 계산하는 방법이야.

현재 주식 가격보다 높게 나오면 이 기업의 주식 가격이 오를 것이라고 기대할 수 있어.

주가증권이 궁금해요!

주식을 투자하다 보면 단순히 주식 가격이 오르고 내리는 가격차를 노리고 수익을 얻는 투자자도 있지만 수익률을 주식 가격이랑 연결하는 금융상품이 있어. 이걸 ELS라고 부르지.

영어 약자를 풀어서 쓰면 '주가연계증권(Equity Linked Security)'이라는 의미야. 이 금융상품에 투자하는 사람은 증권계좌를 만들고 투자금을 넣어두면 기간이 다 되었을 때의 주식 가격에 따라 총 금액을 지급받는 금융상품이야.

이건 증권회사에서만 판매하는 금융 상품인데, 투자자는 자금을 증권계좌에 입금해. 그 돈의 만기는 2~3년 정도로 정하고, 그 사이에 채권을 비롯해서 여러 금융상품에 투자하는 거야. 기간이 다 되었을 때 벌어들인 돈 또는, 손해를 본 투자금을 계산해서 돌려주는 상품이야.

원금에 이자를 더한 수익이 있을 수도 있지만 원금을 손해 볼 가능성도 큰 상품이니까 신중히 결정해야 해.

우리나라에선 ELS라고 부르는데 외국에선 ELN(Equity Linked Notes)이라고도 부른단다.

* * *

"아빠, 아빠."

"응?"

석준이가 방에서 나왔다. 어느덧 시각은 밤 10시가 넘은 무렵이었다. 거실에서 TV를 보던 아빠는 석준을 바라봤다.

"아직 안 잤네?"

"네. 주식에 대해 보는데 신기해요. 그리고 사업을 하고 싶은 꿈도 막 생겨서요."

"사업?"

"네. 주식회사를 만들어서 돈을 벌고, 우리 회사 주식을 직원들에게 나눠주고 싶어요. 그러면 다 같이 부자가 될 거잖아요? 돈도 벌면서 사회에 공헌도 하는 일이 동시에 가능하다는 걸 알았어요. 어때요?"

"그래, 그런 방법도 있네?"

아빠는 석준을 보고 미소를 지었다.

"근데, 우리 직원들에게 회사 주식을 어떻게 나눠줘야 할지 고민이에요."

"어떤 고민이 드니?"

"제가 회사 대표가 된다고 해도 직원이 많으면 어떤 기준을 세워서 나눠줘야 할 텐데 저하고 친한 기준으로 하면 안 될 것 같고 어떤 합리적인 기준이 필요할 거 같아서요. 그걸 잘 모르겠어요."

"그럴 땐 우리 사주라고 해서 직원들에게 그들이 원하는 만큼 주식을 사라고 하는 방법이 있어."

"우리 사주(社株)요?"

"응. 우리 회사의 주식이라는 건데, 직원들에게 나눠줄 회사 주식을 어느 정도 정해두고 한 주당 가격을 정해서 직원들에게 제안하는 거야. 그러면, 직원들이 원하는 만큼 각자 주식을 사겠지."

"아, 맞다. 그렇네요. 그럼, 직원들에게도 도움이 될까요?"

아빠는 석준을 바라봤다. 석준은 동그란 눈동자를 크게 뜨고 아빠의 대답을 기다리는 모습이었다.

"우리 회사에 대해 가장 잘 아는 사람은 직원들이야. 그래서 회사의 비전을 공유한다고 하면 동참할 직원들도 많이 생길 거야. 단, 그 회사가 반드시 비전이 있고 발전할 가능성이 있어야 한다는 조건에서 말이지."

"그렇네요. 그럼, 제가 사업을 잘 해야 되겠어요."

"그건 물론이지. 하지만, 아빠는 석준이가 회사를 잘 경영하리라 믿어. 신뢰가 드는데?"

"진짜죠? 그렇죠? 역시!"

아빠는 석준을 바라보다 다시 말을 이었다.

"아빠가 아는 회사들 중에도 직원들에게 사주를 나눠줘서 돈을 벌게 해준 곳이 많지. 여직원에게 사주를 나눠줬다가 회사가 발전하면서 그 여직원이 가진 주식이 전체 10억 원이 되었대. 그래서 그 여직원은 사주를 팔아서 평소에 꿈꾸던 공부를 하려고 유학길에 오를 수 있었다더구나."

"우아!"

"우리 사주는 회사 대표부터 전체 직원들이 다 같이 함께 노력한다는 동기도 부여해줄 수 있어서 좋은 일이야. 회사 하나를 다 같이 키워가면서 자신의 꿈과 목표를 실현하는 무대로 삼는 셈이지. 멋진 일이지."

"네, 아빠. 저도 꼭 해볼래요."

석준은 아빠의 얼굴을 보며 따라 웃었다.

제4부
How are you, 펀드(fund)!

"석준아, 뭐하니?"

학교에서 돌아온 석준이가 자기 방에서 나오지 않자 엄마가 문을 노크하며 물었다. 조금 전부터 간식 먹으라고 부르는 소리도 듣지 못하던 석준이가 플라스틱 저금통과 가위를 들고 나왔다.

"그게 뭐니?"

"이거, 저금통인데요. 여길 잘라서 다른 걸 만들려고요."

석준의 저금통은 이미 윗부분이 폭 1인치 정도의 넓이 간격으로 절단되는 중이었다. 학교에서 돌아와 손발을 씻고 자기 방에 들어간 지 꽤 시간이 흘렀는데 저금통 자른 정도를 보니 꽤나 힘들었던 모양이었다.

엄마는 석준을 가만히 보다가 입가에 미소를 머금은 표정으로 물었다.

"저금통으로 어떤 걸 새로 만들게?"

"아, 다른 건 아니고요, 돈을 구분해서 모으려고 해요."

"응? 돈을 구분해서?"

"네. 이 저금통에는 나중에 노트북을 살 돈을 모으려고 하거든요. 은행 계좌에는 종잣돈을 만들 돈을 모으고요. 지금은 금융 상품을 공부하고 투자하는 방법을 배우고 있지만 머지않아서 돈이 모이면 실제로 투자에 나설 건데, 이왕이면 돈을 구분해서 모아 뒀으면 해요."

"펀드처럼?"

"네? 펀드요?"

엄마가 웃었다. 그리고 아빠가 전해준 것처럼 보이는 종이묶음을 석준에게 건넸다. 석준이 엄마를 쳐다봤다.

"이게 펀드에요?"

"석준이가 펀드에 대해서 알 때가 되었나 보네. 석준이가 그 저금통엔 노트북을 살 돈을 모으고, 은행 계좌엔 종잣돈을 모은다고 한 것처럼 펀드라는 건 '목적을 가진 기금' 같은 걸 말해. 펀드를 모아서 영화 제작비를 모으기도 하고, 선거자금으로 사용하겠다며 펀드를 만드는 사람들도 있거든."

"아, 진짜요? 그럼, 저도 어느새 펀드를 하는 거네요?"

"그렇구나. 펀드에 대해서 더 자세히 알아보렴."

석준이 환하게 웃으며 자기 방으로 다시 들어갔다. 방금 전에 들고 나왔던 저금통과 가위를 든 상태였다.

펀드/신탁/보험에 대해 설명해주세요!

펀드란 사람들로부터 돈을 받아서 특정한 용도에 사용하는 금융상품을 말하는구나. 펀드를 만들게 되면 이 펀드를 주관하며 여러 상품에 투자하는 사람이 있는데 그 사람을 가리켜 '펀드매니저'라고 부르지. 금융상품 투자에 전문가이면서 펀드를 믿고 자신의 돈을 맡겨준 사람들이 신뢰할 만한 사람이 펀드매니저가 되는 거야.

펀드는 돈이 모인 기금을 말하는데, 위에서 설명한 주식회사나 법인처럼 인격을 지닌 것으로도 생각할 수 있어. 펀드가 하나의 인격을 지닌 사람처럼 독자적으로 금융상품에 투자하고 이익을 내며 일정 기간 동안 수익 올리기에 집중하거든. 마치 회사가 이익을 내기 위해 영업을 하는 것처럼 펀드 역시 여러 금융

상품이나 주식, 환율 등 여러 가지 돈이 될만한 것에 다 투자하게 되는 거야.

석준이가 펀드에 돈을 투자하면 그 펀드가 스스로 살아서 움직인다고 생각할 수 있어. 석준이 입장에선 펀드에 투자했을 뿐이지만 펀드는 또다른 금융상품에 투자하면서 자기가 먹고 살 이익을 만들기 위해 최선을 다하거든. 어떻게 보면 석준이의 명령(투자금)을 받아서 움직이는 로봇과 같은 거야.

펀드는 간접투자상품이지. 수많은 금융상품들을 내가 직접 고르고 투자하는 게 아니라 나는 단지 펀드에 가입만 하면 되고 펀드가 스스로 금융상품 등에 투자해서 이익을 만들어 주는 거니까 말이야.

펀드가 투자자의 투자금을 맡아서 운영된다는 점에서는 '신탁'과 비슷해. 펀드는 투자자가 가입하면 펀드 운용실적에 따라 생긴 수익을 투자자가 갖는다는 게 중요해.

신탁에서는 투자자라는 말 대신 '재산을 맡기는 사람'이라는 의미로 '위탁자'라고 부르지. 신탁에서 위탁자들은 자신의 현금이나 부동산 같은 모든 재산을 신탁회사에게 맡길 수 있고, 신탁회사가 관리해서 수익이 나오면 위탁자가 지정한 수익자에게 지급하는 게 일이야. 물론, 위탁자가 곧 수익자가 되는 게 일반적이지만 말이야.

펀드와 신탁의 차이점

펀드랑 신탁의 차이점은 여기서 알아본 것처럼 '돈'이냐 아니면 '돈이나 부동산 등 모든 재산'이 되느냐에 따라서 달라져. 펀드가 자금을 투자자로부터 모아서 운용하는데 초점이 맞춰져 있다면, 신탁은 위탁자들에게 재산을 신탁 받아서 운용한다는 게 특징이거든.

여기서 신탁과 펀드의 또 다른 차이점이 있는데, 펀드는 투자자들이 일단 자금을 넣으면 펀드 운용 전문가가 자유롭게 운영해서 일정 기간 후에 남은 자금을 투자자들에게 배분하는 방식이야. 반면 신탁은 위탁자가 돈이나 재산을 맡기면서 운용권까지 맡기는 경우도 있지만 위탁자가 미리 지정해두고 그대로만 운용할 것을 요구할 수 있도 있지.

"이건 증권투자만 하세요."

"이건 부동산 투자만 하세요."

이렇게 정해주고 맡길 수 있는 것이지.

신탁의 종류 중에서 한 가지 예로 보자면 '토지 신탁'이 있어.

토지를 가진 사람이 신탁회사에게 운영을 맡기는 건데, 이때 신탁회사는 토지개발, 건축사업 등을 해서 개발 이익을 내고 이를 위탁자가 지정한 수익자에게 지급하는 일을 하는 거야.

지적재산권을 포함한 모든 재산권에 대해서도 신탁이 가능해. 한편으로 '관리신탁'이란 것도 있어서 소유권 관리, 시설 관리, 세금이나 법률적 문제 업무 관리까지 해주는 신탁회사 업무가 있다는 걸 알아두면 좋겠다.

보험은 경제적 피해를 최소하 하기 위한 투자상품

끝으로 보험이란 건 사람들이 살아가면서 때 예측할 수 없는 사고를 당할 때 이로 인해 생기는 경제적 피해를 방지하는 금융상품이야. 보험이 사고를 막아줄 순 없지만 사고로 인한 경제적 피해를 최소화해줄 수 있다는 점이 특징이지.

보험은 물론 하나의 금융 상품이긴한데, 펀드나 주식처럼 투자자가 투자를 해서 수익을 내는 상품이 아니라 미래에 생길 수 있는 경제적 피해를 최소화하기 위해 미리 투자해두는 금융상품인 것이야. 그래서 펀드나 주식은 투자라고 부르지만 보험은 '가입자'라고 부른단다.

자동차보험, 화재보험, 생명보험, 암보험 등 여러 보험이 많아. 이런 보험 중에는 물론 '적립식' 보험도 있고, '보장성 보험'도 있어서 재산 관련 보험의 기능도 있어.

보험금을 담보로 대출을 받을 수도 있고, 보험 기간 만기 시에 일정 금액을 돌려받는 상품도 있으니까 말이야.

하지만, 펀드나 주식처럼 일정 기간 운용되어 수익을 내는 금융상품이 아니므로 그 성격은 다르다고 해야 하겠지.

펀드 투자 방법이 궁금해요!

펀드 투자 시에 중요한 점을 생각해 보자.

펀드는 운용사가 있고 판매사가 있어.

이 경우, 운용사는 운용에 따른 수수료를 받고, 판매사는 펀드를 판매하면서 수수료를 받게 되는데, 각 수수료는 회사에 따라서 먼저 받는 곳도 있고 나중에 받는 곳도 있단다.

운용수수료나 판매수수료 외에도 사무보수, 수탁보수가 있어. 펀드 상품에는 투자자가 알 수 있도록 이런 수수료가 미리 정해져 있으니까 펀드 상품을 고를 때 확인해볼 수 있겠지.

펀드를 고를 때 확인해야할 중요한 부분이라고 한다면 펀드의 목적과 위험도를 점검해야 한다는 거야.

펀드의 향후 전망과 특징을 봐야 하는데, 펀드를 운용하는 펀드매니저와 상담할 수 있다면 더 좋겠지. 펀드를 운용하게 될 금융시장에 대해 경제는 어떻게 흘러갈 것이며 금리는 어떻게 바뀔 것인지, 주식 가격은 얼마나 될 것인지에 대해 확인해야 하거든.

특히, 펀드를 가입하고 투자한 뒤에라도 중도에 해지가 가능한지 확인하고 이럴 경우 해지수수료는 얼마이며 비용이나 세금은 총 얼마가 필요한지도 확인해봐야 해.

펀드 운용에는 기본적으로 운용사, 판매사, 수탁사가 참여하게 되는데 이중 어느 한 회사의 파산이 있더라도 펀드 자금에는 영향을 끼치지 못하니까 안심해도 된단다.

가령, 투자자의 재산은 운용사, 판매사, 수탁사가 절대 건드리지 못하게 되어 있거든. 증권사나 은행이 망하더라도 투자자는 다른 펀드 판매사를 통해서 계속 운용할 수 있는 게 장점이야.

펀드 투자의 장점

펀드 투자는 은행이나 증권회사를 방문하거나 온라인에서 계좌를 만들 수 있단다. 미성년자일 경우엔 아빠가 해줘야 하지.

펀드 투자는 일정 액수의 돈을 한 번에 납입하고 펀드 운용기간 동안 기다리는 방법의 '거치식'이 있어. 아니면, 자유롭게 여유자금으로 투자하는 '임의식' 방법이 있고, 적금처럼 계약 기간 동안 정해진 금액을 납입하는 '적립식' 투자 방법도 있단다.

펀드 투자는 여러 투자자들의 자금을 모아서 투자상품을 고르는 덕분에 개인이 혼자서 투자하기 어려운 해외의 금융상품이나 좋은 금융상품도 투자가 가능하다는 이점이 있어. 그리고 펀드매니저처럼 금융전문가가 운용을 대리해주는 장점도 있고 여러 펀드에 투자해서 위험을 분산시켜서 투자할 수도 있지.

다만, 펀드는 투자라는 걸 기억해야 해. 투자는 오로지 투자자의 책임이라는 걸 잊지 말아야 하는 것이고. 그런 점에서 펀드는 운용실적을 배당받는 금융상품이니까 만에 하나 손실이 발생하더라도 펀드 운용사나 판매사, 수탁사가 손실을 책임지진 않아. 그래서 투자자 입장에서 어떤 펀드에 가입해야할지 미리 정확하게 검토하고 판단을 신중하게 해야 해.

펀드의 종류와 특성

펀드는 투자 대상에 따라서 여러 종류가 있는데, 크게 구분해서 채권형 펀드, 주식형 펀드, 채권혼합형, 주식혼합형, 실물자산펀드, 파생상품펀드, 펀드 재투자펀드, 해외자산 투자펀드 등으로 구분할 수 있어.

펀드의 종류는 그 이름대로 특성을 쉽게 알 수 있어.

채권형 펀드는 채권 위주로 투자하는 펀드야. 상대적으로 안정적인 국채나 회사채, 공채에 투자하는 건데 이자 수익이 낮은 반면에 안정적이란 게 장점이지.

주식형 펀드는 주식에 투자하는 펀드를 말하는데, 주식시장의 오르고 내리는 영향을 받아서 수익률 변동이 크다는 점이야. 고위험 고수익인 셈이지.

채권혼합형 펀드는 채권 위주 투자를 하면서 주식에도 투자하는 펀드를 말해. 채권형 펀드보다는 위험이 높고, 주식형보다는 위험이 낮은 편인 펀드가 이거야.

주식혼합형 펀드는 채권형 펀드랑 반대되는 상품으로 증권시장 위주로 투자하는 펀드를 말해.

경제지표(economic indicator)가 뭔가요?

금융상품 투자에 있어서 반드시 알아야할 게 바로 경제지표라는 것이야. 경제 활동을 한눈에 보고 현재 상태를 알 정도의 지식이 필요하긴 한데, 전문가적인 수준은 아니더라도 각종 경제지표만 보면 현재 경제 상태가 어떤지 다양한 정보를 얻을 수 있거든.

가령, 총국민소득, 생산지수, 재고지수, 재정수지실적, 통화량, 한국은행 대출실적, 은행예금자산, 무역수지, 수출실적, 수입실적, 고용지수, 임금지수, 주가지수 같은 게 있겠지. 이런 지표를 확인해서 경제 상황을 확인할 수 있는 걸 경제지표라고 부르는 거야.

이런 지수를 보게 되면, 우리나라 국민 총생산이 얼마인지 알게 되는 거야. 생산량이 높으면 그만큼 소득이 늘었다는 지표가 되거든. 그 대신 재고지수가 늘었다면 소비가 주춤하고 물건이 잘 안 팔린다는 거니까 경기 침체가 된다는 뜻이겠지?

통화량은 시중에 돈이 얼마나 풀려있는지 나타내는 지표인데 이걸 보게 되면 사람들이 돈을 갖고 있는데 소비를 안 하는 건지, 돈도 없고 소비도 못 하는 건지 알게 돼.

한국은행 대출실적은 국내 은행들이 투자를 많이 하는지, 국내 은행들의 경영상태가 좋은지 나쁜지 알게 되지.
한국은행 대출실적이 높으면 은행들이 돈을 많이 가져간 건데 그 돈들이 투자에 쓰였는지 아니면 은행들이 빚 갚는데 쓰였는지 확인할 수 있잖아.

은행예금자산은 시중에 돈이 도는지 아니면 은행에 묶여있고 움직이지 않는지 나타내주고, 무역수지는 수출과 수입이 어느 쪽이 많은지 보여주면서 우리나라에서 수출이 잘 되는 건 어느 것이고, 수입을 많이 하는 건 무슨 상품인지 알 수 있어. 수출실적과 수입실적에 연결되는 지표가 되는 것이지.

고용지수는 직장에 다니는 사람들 수를 나타내는 것이고, 임금지수는 임금이 어느 정도인지 보여주는 거야.

주가지수는 주식시장에서 투자자가 많아서 주식 가격이 올라가는지, 아니면 투자가 없어서 주식 가격이 낮아지는지 보여주는 것이지.

주가지수가 높으면 기업들의 자금 사정이 좋은 것이고, 주가지수가 낮다면 기업들의 자금 사정이 좋지 않다는 걸 말해주지.

제5부 Welcome,
암호화폐(Cripto Currency) & NFT!

“아빠, 안에 계세요? 어빠, 어디 계세요?”

석준이 집에 들어오면서 다급하게 아빠를 찾았다.

학교에서 돌아오자마자 책가방을 내려놓을 틈도 없이 아빠를 찾아 서재로 들어왔다. 아빠는 서재에서 노트북 컴퓨터를 켜고 모니터를 보고 있었다.

석준이 물었다.

“아빠, 가상화폐가 뭐예요? 학교에서 애들이 말하는데 눈에 보이지 않는 돈이라면서 컴퓨터 돈이란 게 있대요. 자기 삼촌은 가상화폐에 투자해서 100배 1,000배 넘게 돈을 벌었다고 하거든요. 다른 친구는 자기 엄마 아빠가 자기에게 가상화폐를 사줬대요. 그래서 가끔 가격을 보는데 가격이 자꾸 오른대요. 이게 뭐예요?”

이빠는 석준을 보며 말했다.

“아하, 벌써 학교에서도 가상화폐에 대해 화제가 되는구나. 가상화폐란 것은 글자 그대로 ‘가상의 돈’이란 의미인데 컴퓨터 프로그램 상의 디지털파일 조각이라고 말할 수 있어. 컴퓨터 프로그램으로 생긴 디지털파일 조각을 사람들이 사고팔게 되면서 ‘돈’이라는 의미를 붙인 걸 가상화폐라고 하는 거야. 화폐란 건 실제 사용되어야 한다는 점에서 사용처가 없는 디지털파일은 가상화폐라기보다는 '가상자산'이라고 말하는 게 합리적이지."

석준의 두 눈이 동그랗게 커졌다.

"그렇죠? 가상화폐는 돈 아니죠? 그냥… 사이버머니? 그런 거죠, 맞죠?"

석준의 표정을 보니 친구들이랑 가상화폐에 대해 한바탕 토론이 벌어진 모양이었다. 아빠는 석준에게 책상 옆에 놓인 의자를 보여주며 앉아서 함께 얘기해보자고 말했다.

메타버스(MetaVerse)와 블록체인(BlockChain)이 궁금해요!

"아빠, 게임하는 거, 게임을 가상세계라고 하는 거 아니예요? 그러면 게임 속에서 사용하는 돈? 아무튼 게임머니가 가상화폐인 거 같은데요?"

아빠가 석준을 보며 말했다.

"그렇지. 우리 석준이 이야기가 틀린 건 아니지."

"그렇죠? 거 봐. 친구들이 자꾸 가상화폐란 건 메타버스에서 쓰는 거다. 블록체인이 장부책 같은 건데 거기에 기록된다, 막 그래요."

아빠는 입가에 웃음이 번졌다. 아빠가 석준을 보며 말했다.

"응, 그런데 친구들 이야기도 틀린 건 아니야. 예를 들어, 우리가 살아가는 이 세상을 영어로 유니버스(Universe)라고 부르는데 이 세상이 현실이라면 가상의 세상이 있다고 해서 그곳을 메타버스(MetaVerse)라고 부르는 거란다."

석준이 아빠의 입을 바라보고 있었다.

"그런데 메타버스라는 용어도 구체적으로 정의된 건 아니고 여러 의미로 다르게 부르기도 해. 다시 말하면, 메타버스는 아직 개념이 자리잡히지 않은, 초기 상태라고 보는 게 더 이해하기 쉬울 거 같다. 이제 막 시작된 흐름이라고 할까?"

"아하, 뭔가 새로 생긴 용어 같은 거네요?"

석준이 말했다.

"그렇지. 그래서 친구들 이야기처럼 게임 속 가상세계를 메타버스라고 부르는 것도 틀린 표현은 아닌 거야. 현실 생활 외에 가상의 공간을 메타버스라고 부르거든."

석준이 고개를 갸우뚱했다.

그런데 블록체인은 뭐예요?

"블록Block은 벽돌이란 거 같고 체인Chain은 쇠사슬인데 벽돌사슬? 이게 뭔지 이해가 잘 안 돼요."

석준이 뭔가 석연치 않은 표정을 짓자 아빠가 말했다.

"응, 그럼 이걸 먼저 생각해 보자. 현실 세상과 별도로 가상세계가 있다고 했는데 그곳에서는 어떤 일들이 벌어질까? 예를 들어, 컴퓨터프로그램이라고 해볼까? 석준이가 컴퓨터에 글자를 쓰거나 그림을 그렸어. 스마트폰으로 사진을 찍어서 컴퓨터에 보관해두었는데 친구가 우연히 석준이 찍은 사진을 보더니 복사해서 가져가버렸어. USB에 담아가거나 이메일로 보내서 자기 컴퓨터에 다운로드해둔 경우가 되겠지? 이때 친구가 다른 사람들에게 '이건 내가 촬영한 사진이에요!'라고 말하면 어때?"

"그 친구는 나쁜 애죠. 내가 촬영한 사진을 자기가 촬영한 거라고 거짓말하는 거니까요."

"그렇겠지? 그런데 다른 사람들은 그 사진을 친구가 촬영했는지 석준이가 촬영했는지 모른다면? 석준이는 마음이 아플텐데. 어떻게 해야 할까? 석준이가 촬영한 사진이라고 증명할 수 있는 방법이 없을까?"

"그거요? 내가 촬영하거니까… 내 스마트폰을 보여주거나 하면 될 거 같아요."

"스마트폰? 친구가 촬영한 사진을 석준이가 스마트폰에 넣어둔 거라고 오해하면?"

석준이 입술을 꽉 다물었다. 뭔가 뜻대로 풀리지 않는다는 표정이었다. 석준은 답을 찾으려고 했지만 머릿속이 더 복잡해진 모양이었다.

"아빠, 그럴 땐 어떻게 해요?"

석준이 현명한 선택을 했다. 아빠에게 물어보는 게 편하다는 것을 안 것이다.

"석준이의 억울한 마음을 누군가 대신 증명해주면 좋을 텐데. 아니면 어느 곳에 이건 석준이가 촬영한 사진이라고 먼저 등록해두면 그게 증명이 될 거 같은데. 어때?"

"그렇죠! 맞아요. 제가 일기장나 이메일에 써두면 되겠죠?"

석준은 대답하면서도 아직 의문이 풀리지 않은 듯 아빠에게 되물었다. 자기 생각이 옳은지 아빠가 확인해달라는 표정이었다.

디지털 작품의 소유권을 인증해주는 수단이 블록체인

"이메일이나 일기장은 지극히 개인적인 수단이지? 그거 말고 제3자가 누구에게나 공개된 방법으로 객관적으로 증명을 해줄 수 있다면 좋겠지? 그게 블록체인이라는 거란다. 가령, 컴퓨터프로그램으로 사람들이 모이는 커뮤니티를 만들었다고 할게. 가상의 모임이라고 해보자. 온라인에서만 존재하는 그런 곳. 여기에 모인 사람들은 블록이라는 디지털장부를 한 권씩 갖고 있어. 그래서 이 모임 안에서 벌어지는 모든 일들을 기록해두지. 그런데 이 블록은 이 커뮤니티에서 모두 연결되어 있어서 A라는 사람이 블록에다가 사진을 업로드하면서 '이 사진은 내가 촬영한 거예요'라고 하면 그 내용이 커뮤니티에 있는 모든 사람들의 블록에 기록되는 거야. 동일한 내용으로,"

"우아, 그게 가능해요? 신기하다."

석준이 입을 벌리더니 다물 줄 몰랐다.

아빠가 말을 이었다.

"응. 그래서 블록체인 기술을 새로운 기술이라고 말하는 거란다. 블록이 연결된 모든 사람들에게 공유되는 내용이라고 할까? 해커가 해킹하려고 해도 거의 불가능하지. 현실생활에선 은행에 돈을 저금하면 통장에 기록해주는거랑 같아. 현실생활에선 은행과 저금하는 사람 사이의 기록이지만 가상세계인 메타버스에서는 블록체인으로 연결된 모든 사람들 사이에 기록으로 남는 거란다."

"아하, 현실세계가 아닌 가상의 세계를 메타버스라고 하는데 사람들이 만드는 디지털 작품의 소유권을 인증해주는 수단이 블록체인이라고 하는거군요?"

"그렇지. 그래서 블록체인 기술을 활용하면 디지털 작품으로 글이나 사진, 동영상, 이미지 등의 소유권을 인증해둘 수 있다는 장점이 있지."

가상화폐? 암호화폐?
그게 무엇인가요?

“아빠, 그러면 메타버스에서 사용하는 돈이 가상화폐인가요? 암호화폐라고 부르는 건가요?”

석준은 집에 들어서면서부터 궁금했던 가상화폐에 대해 아빠에게 물었다.

“응, 그건 화폐에 대한 생각을 먼저 정리해볼 필요가 있겠다. 화폐라는 건 일정한 가치를 가지고 사람들 사이에서 통용되는 것이라고 할 수 있지. 그런데 실제로 사용되지 않는 것이라면? 화폐라고 부르긴 어렵고 대신 ‘자산(Asset:에셋)’이라고 부를 순 있을 거 같은데.”

“네, 맞아요. 그런거 같아요. 그런데 사람들은 가상화폐라고 부른다는데요?”

“그 이유는 화폐처럼 사용되기를 바라는 마음에서 의미를 둔 표현이라고 생각해. 그렇지만 정확히 생각해 보면 실제로 사용되지 않는 것은 화폐라고 부를 순 없겠지. 다만, 사람들 사이에서 사고팔고 거래가 되는 거라면 자산이라고 볼 수는 있는 것이고."

"아하, 그럼 가상화폐라고 사람들이 말하는데 정확하게 말하자면 가상자산이 맞는 표현이라는 거군요."

석준이 고개를 끄덕이며 말했다.

"아빠, 그럼 가상화폐가 언젠가 미래엔 사용될 수도 있나요? 사람들이 화폐라고 부르니까 지금은 아니더라도 미래에는요?"

아빠가 입가에 미소를 지었다.

"그럴 수도 있겠지. 가상화폐나 암호화폐라는 명칭이 요즘은 같은 의미로 사용되기도 하는데, 언제일진 모르지만 미래에는 가상화폐를 사용해서 물건을 사고 밥도 사먹을 수 있는 세상이 될 수도 있지."

"아하, 그럼 아직은 아무 것도 못하나요?"

"응? 아니, 그건 또 아닌게, 요즘에도 어떤 가상화폐는 사용되는 경우도 있어. 비트코인이 사용되는 곳이 있는 것처럼 말이야. 예를 들어서, A라는 가상화폐가 있다고 해볼까? 그런데 A라는 가상화폐를 많은 사람들이 갖고 있고 그 사람들이 서로 A의 가치를 인정해주면서 그 가치의 범위 안에서 사용한다고 해보자. 그렇다면 그 A는 그 사람들 사이에선 돈이나 마찬가지지."

석준이 아빠를 쳐다봤다.

"아빠, 그러면 가상화폐라는 게 있는데, 사람들이 그 가상화폐의 가치를 인정해주고 자기들끼리 돈처럼 주고받는다면 그 사람들 사이에선 그 가상화폐가 실제로 화폐가 된다는 의미네요?"

"딩동댕."

아빠가 석준을 보며 웃었다. 기특하다는 표시였다. 석준은 고개를 끄덕였다.

가상화폐의 가격이 오르고 내리는 이유

"근데요, 아빠. 가상화폐를 거래하는 사람들? 그걸 투자한대요. 그러면 만약에 A라는 가상화폐가 있다고 해도 사람들이 사고팔면서, 아니 거래하면서 그 가치가 자꾸 변경된다면… 가치가 비싸졌다 싸졌다 하면 거래하기 힘든 거 아닌가요?"

"그렇지. 그래서 가상화폐는 사람들이 인정하는 일정한 가치를 유지해주는 게 제일 중요한 거란다. 그런데 이런 가치는 기술적으로 누군가 주도할 수는 없어보이는데 다만 그 가상화폐를 갖고 있는 사람들 사이에 일정한 가치가 인정된다면 가능 할거야."

"아빠, 예를 들어서 설명해주세요."

석준이 아빠를 재촉했다.

“그래. 예를 들어서, 다이아몬드 광산이라고 해보자. 여기에 다이아몬드 광산이 있어. 그리고 이 다이아몬드 광산을 갖고 있는 사람들은 총 10명이라고 할게. 말하자면, 다이아몬드 시세를 여기 10명이 관리할 수 있다는 의미야. 이 사람들 가운데 누군가 다이아몬드를 많이 팔면 다이아몬드 가격이 내려가겠지? 이 사람들이 팔지 않으면 가격이 올라갈 것이고.”

“네네.”

“다이아몬드를 A라는 가상화폐라고 해보자. A를 갖고 있는 사람들이 실생활에서 A를 사용하면서 자기들이 갖고 있는 A를 조금만 내놓거나 안 내놓는다면 A를 사용하려는 사람들 사이에선 A 가격이 높아지겠지?”

“네. 맞아요.”

눈을 반짝이며 이야기를 듣는 석준에게 아빠는 설명을 계속했다.

“석준이도 알거 같은데 석유생산기구 OPEC(오펙크)라고 있어. 이곳에서 석유를 더 많이 생산할 것인지 아니면 생산량을 줄일 것인지에 따라 석유 가격이 오르거나 내리기도 하지? 마찬가지로 금, 은, 다이아몬드, 미국 달러화 등등. 어떤 자산이 될 수 있는 것을 갖고 있는 사람이 그 자산의 시장가격을 조절할 수 있는 것과 같은 이치란다."

"근데요, 아빠. 가상화폐를 실제 생활에서 사용하려는 사람들이 있나요? 그럴 경우엔 가상화폐도 어떤 가격이 생기겠지만요. 석유같은 건 사용하는 나라가 많지만 가상화폐는 그런 것도 아니고요."

"좋은 질문이구나. 그래서 아직은 많은 사람들이 가상화폐를 실제 화폐라고 보진 않고 있지. 다만, 어떤 가상화폐를 갖고 있는 사람들 사이에선 실생활에서 사용하기도 해. 아직은 소규모로 일부 사람들 사이에서 사용되는 상황이지만 말이지. 아빠가 보기엔 머지 않아 가상화폐를 사용하는 사람들이 늘어날 거라고 본단다."

NFT가 궁금해요!

"아빠, 가상화폐에 대해 공부하다 보니까 NFT란 것에 대해 궁금해졌어요. 이건 뭔가요? 사람들이 말하는 걸 들었는데요, '대체불가능토큰'이라는데요? 토큰? NFT가 돈인가요? 가상화폐 같은 건가요?"

석준은 아빠랑 대화하는 내용을 꼬박꼬박 수첩에 적고 있었다. 아직은 체구가 작아서 자기 몸집보다 큰 책상이었지만, 그 위에 앙증맞은 수첩을 올려두고 깨알같은 크기의 글씨로 뭔가를 열심히 적어가고 있었다.

그러던 석준이 또다시 궁금한 게 떠올랐는지 고개를 들고 아빠에게 물었다.

아빠는 석준의 모습을 보며 입가에 미소를 지었다. 언젠가 석준이 체격이 더 커지고 어른이 되면 이 책상에 편안히 앉아서 책을 읽겠구나 하는 기대감이 스쳤기 때문이기도 했다. 어찌 보면 돈이란 것도 이처럼 처음엔 작지만 차츰 관리해서 키우다보면 스스로 커지게 되는 것이기도 했다.

아빠가 석준에게 말했다.

"NFT란 Non Fungible Token이라고 해서 '대체 불가능한 토큰'이라는 표현을 사용해. 그 자체가 돈은 아니고 '소유권을 인증해주는 것'이라고 설명할 수 있겠구나."

"소유권 인증이요? 어, 그건 아빠, 지난번에 블록체인이라고 하셨는데요?"

석준이 아빠를 보며 이상하다는 표정을 지었다. 석준이 앞에 놓인 수첩을 되넘기며 블록체인 내용을 다시 보려는 것 같았다.

NFT는 블록체인에 업로드되는 작품 고유의 꼬리표

아빠가 말했다.

"그렇지. 블록체인. 어떤 가상화폐를 사용하는 사람들의 커뮤니티라고 설명했지? 그리고 블록체인에서 소유권이 인증 된다는 것은 블록체인에 업로드되는 내용을 그 커뮤니티의 사람들이 모두 공유한다는 것이라고 했고. 이때 블록체인에 업로드되는 내용, 즉 사진이나 그림, 동영상 같은 디지털 작품마다 붙는 이름표 같은 게 있단다. 가령, 블록체인에 기록되는 100만 개의 내용이 있다면 각 내용들마다 붙는 100만 개의 꼬리표가 있는 셈이지. 이 꼬리표를 NFT라고 하는 거란다. 한마디로 100만 개의 사진이 있는데 100만 개의 사진들마다 전부 다른 고유의 꼬리표를 붙이고 있다는 의미라고 할까? 이런 꼬리표 같은 것을 NFT라고 설명할 수 있단다."

"아하, 블록체인에 기록되는 내용으로 소유권 인증이 되는데 이때 각 내용들마다 고유의 내용임을 확인시켜주는 꼬리표가 있고 이것을 NFT라고 이해하면 되겠네요?"

아빠는 석준을 보며 놀란 표정을 지어보였다. 칭찬의 표시였다.

"그렇지. 역시 우리 아들 석준이 대단하구나."

석준이 입가에 웃음을 지으려다가 다시 아빠를 불렀다.

"아빠, 그러면 NFT는 어느 화가의 작품 그런 거예요? 인터넷에 보니까 화가들의 그림이 NFT로 팔렸다는데요?"

"응. 그것은 NFT가 화가의 작품이란 의미라기보다는 화가의 그림의 소유권을 NFT로 인증해준다는 의미라고 봐야할 거 같구나. 예를 들어, A라는 유명한 화가의 디지털 작품을 B라는 사람이 샀다고 해볼게. B로서는 A화가의 작품을 B가 갖고 있다!'고 말하고 싶거든. 내가 소유자다! 그런 것이지. 이때 사용되는 게 NFT인 거야. 그림에 붙은 NFT라는 꼬리표에 '이 작품의 소유자는 B'라고 기록해둔 것과 같지."

"아하, 그럼 나중에 C라는 사람이 그 작품을 샀다면 그 작품의 NFT에는 이 작품의 소유자가 C라고 기록되는 거군요?"

"이번에도 딩동댕!"

아빠가 석준을 보며 웃었다.

"NFT는 그 자체가 돈이 아니라 소유권을 인증하는 수단으로 이해하는 게 옳을 것 같아. 그리고 이런 NFT의 장점이 많은데, 앞으로는 모든 디지털 작품들의 소유권이 분명해진다는 것이 중요하단다. 사실 그동안은 인터넷 상에서 돌아다니는 사진이나 글, 동영상이나 이미지들이 누가 만든건지도 모르고 아무나 가져다 쓰는 시대였지. 그러나 앞으로는 NFT를 통해서 소유권자가 정확하게 확인되므로 함부로 사용하면 안 되는 시대가 되었다는 의미이거든."

석준은 아빠와 대화를 마치고 서재를 나갔다.

* * *

그로부터 며칠 후.

"딩동댕!"

석준의 대답이 끝나면 엄마가 외쳤다.

그 다음은 아빠 차례였다. 석준의 대답이 이어지면서 엄마와 아빠의 딩동댕 소리도 연거푸 터졌다.

오늘은 석준이와 엄마 아빠의 금융공부 확인의 시간이었다. 엄마나 아빠가 질문하면 석준이 대답하는 시간이었다. 석준의 대답이 정답이면 엄마나 아빠가 딩동댕을 외쳤다.

"끝."

석준이가 말했다. 그동안 공부했던 채권, 주식, 펀드에 대한 모든 질문에 대답했다는 표시였다. 석준이와 엄마 아빠가 웃었다.

석준이가 아빠를 보고 물었다.

"아빠, 종잣돈은 얼마 정도면 적당할까요?"

"종잣돈은 100만 원부터 해보는 게 좋겠어."

"왜요? 그 돈을 다 투자해요?"

"아니, 우선 30%인 30만 원만 투자하고, 나머지는 채권에 투자해두면 어떨까?"

석준이가 빙그레 웃음을 지었다.

"아빠, 70만 원은 채권에 투자해서 원금 보장을 하고, 30만 원은 채권혼합형 펀드에 투자해서 원금 보장성과 수익성을 기대해 보라고요?"

"그래. 아무래도 석준이가 첫 투자를 하는 거니까 70%는 안정성을 위주로 원금 보장을 해주는 투자를 하고, 나머지 30%만 펀드에 투자했으면 좋겠구나. 석준이 생각은 어때?"
"저도 같아요."

엄마가 물었다.
"주식 투자는 생각 안 해봤어?"
"주식은요… 그건요, 엄마. 코로나 사태 이후로 금리가 인상되면서 모든 경제가 위축되는 상황이고, 이렇다 할 전망이 좋은 기업이 보이지 않아서요. 부동산 경기도 너무 안좋아지고 있어서요. 당분간은 수익률은 낮더라도 안전한 채권 쪽에 집중하는 게 나을 것 같아서요."

엄마가 석준을 보며 미소를 지었다. 이번엔 아빠가 물었다.
"석준아, 그러면, 백화점이나 오픈마켓처럼 온라인쇼핑몰 사업을 하는 기업은 어때?"
"그건요, 세계 최대 쇼핑몰 기업이 국내 시장에도 진출한대요. 그리고 우리나라 소비자들이 요즘엔 해외직구라고 해서 외국 쇼핑몰에서 직접 구매하는 사람들이 늘어나잖아요? 물론, 얼마 전엔 신용카드 개인정보가 유출되는 사고가 생겼는데, 그래서 사람들이 일부는 카드를 재발급 받지만 일부는 카드를 해지하고 있대요. 앞으론 신용카드 사용자 수가 크게 늘진 않을 것 같아요. 쇼핑이 약화되면 결국 IT기업들도 침체 상황이 올 텐데 부동산과 IT업체도 침체되면 결국 살아나는 건 영화나 드라마 콘텐츠가 괜찮을 거 같아요."

"그건 어떤 이유로?"

석준이 동그란 눈동자를 크게 뜨며 말했다.

"경기가 침체가 되면 사람들이 돈이 없거든요. 우리나라 사람들 부채가 1,000조 원이래요. 은행에 예금된 돈도 1,000조 원이라고 하고요. 그 뜻은 그럼 사람들에게 돈이 없다는 것도 되고, 돈이 투자처를 찾지 못했다는 의미도 될 거예요. 이도저도 아니니까 결국 사람들은 스마트폰으로 영화를 보거나 드라마만 볼걸요? 물론, 극장에 가서도 보겠죠. 할 일이 없는 사람들이 늘어난다는 건 안 좋은 것이지만 콘텐츠 산업이 발전할 수도 있다는 것이니까요."

"그렇게 생각하게 된 이유는?"

엄마였다.

"1인 기업, 재택근무, 온라인 수업이 이젠 일반적인 삶이 되었거든요. 영화를 본다? 이젠 극장에 가서 봐야할 영화, 집에서 봐도 되는 영화로 구분하는 사람들이에요. 그리고 1인 가구가 증가

하면서 '나홀로 극장'에 가는 사람들이 많았는데요, 이젠 그 대신 그냥 집에서 카페에서 스마트폰이나 컴퓨터 모니터로 영화를 봐도 된다고 생각하거든요. 게다가 대기업들이 OTT 콘텐츠라고 오징어게임 같은 투자 대비 수익성이 높은 콘텐츠 사업에 집중하면서 집에서 보는 영화도 내용이나 이야기 구조가 탄탄해진 것도 있고요. 사람들이 집에서 영화를 보기 시작하면서 사람들은 시간을 더 얻었어요. 극장에 다닐 시간, 외출 준비할 시간이 사라지면서 사람들에게 여유 시간이 생긴 거죠. 저는 이 시간대를 공략하는 사업을 하는 기업에 투자하면 좋을 거 같아요."

"그렇구나. 그럼, 앞으로 또 어떤 분야가 주목을 받을까?"

"금융이에요."

"금융?"

"네."

"왜?"

아빠가 석준을 쳐다봤다. 석준이 입가에 미소를 지으며 말했다.

"우선, 아빠랑 엄마가 저한테 금융을 가르치셨잖아요? 이건 다른 집 어른들도 금융의 중요성을 깨달았다는 거예요. 게다가."

"게다가?"

"요즘엔 게임 아이템도 문상(문화상품권)으로 사거든요. 교통카드는 편의점에서 충전했는걸요? 교통카드로 먹을 거 사먹고 게임도 하는 친구들이 많아요. 구글페이나 애플페이, 큐알코드로 쇼핑하는 친구들도 있거든요. 저금통에 넣는 것만 돈이 아닌 거죠."

"그래, 돈의 형태가 변화하는 거라고 할 수 있지."

"네. 그리고 암호화폐나 NFT에 대해서도 알게 되었어요. 정말 신기해요. 게임하면서 사이버머니가 가상화폐인줄은 알았는데, 사실 게임 아이템을 돈주고 사는 건 저희들도 익숙하거든요. 게임 캐릭터를 키우는 것도 그렇고요. 근데 게임에서 사용하는 돈이 이젠 투자 대상이 되었다니…. 돈에 대해 점점 더 알고 싶어졌어요. 그래서 이 모든 게 금융이라고 생각하는 거죠."

"그렇구나. 그런데 금융이란 걸 알고 싶어도 처음 보는 내용이라서 어렵진 않니?"

"아니요!"

석준은 아빠를 쳐다보며 말을 이었다

"초등학생인 저조차 금융 공부가 좋은 거예요. 저도 사실 요즘 저 자신이 궁금했거든요. 내가 왜 금융을 공부하지? 평소엔 게임만 좋아하던 나인데? 게임 아이템 사려고? 돈을 더 받고 용돈을 모아서 금융에 투자해서 돈을 더 벌려고? 그래서 게임 아이템 더 사려고?"

"결과는?"

석준이 엄마와 아빠 얼굴을 번갈아 쳐다보며 말했다.

"게임 아이템이 아니었어요."

"진짜? 그럼 뭘까?"

"저는 단순히 게임 아이템을 사려고 투자 공부를 좋아하는 게 아니었고요. 요즘 아이들이 빠르거든요. 엄마 아빠, 저희들 요즘 나이엔 미래에 대한 걱정, 나라 이야기, 꿈과 현실에 대한 이야기를 다 해요. 그래서 저도 생각했어요. 이건 나를 위한 공부구나! 아빠가 그러셨잖아요? 직업은 사라져도 돈은 사라지지 않는다고요."

"그래, 기억하지."

"아빠 말에 저도 동감이에요. 직업은 사라지지만 돈은 사라지지 않아요. 그럼, 반대로 공부를 해서 좋은 직업을 가지려고 하는 것도 좋지만, 차라리 처음부터 돈을 공부하게 되면 사라지지 않는 직업을 갖는 거라고 생각했어요."

딩동댕.

엄마가 아니었다. 아빠도 아니었다. 이번에 '딩동댕'이라고 외친 사람은 석준이었다. 엄마와 아빠는 석준의 이야기를 들으며 흐뭇한 표정으로 지켜보기만 했다. 석준은 어느새 꿈을 만들고 거기까지 가는 방법을 깨달은 아이가 되었다.

한편 석준이 집 창밖으로 보이는 불빛들이 깜빡였다가 사라지곤 했다. 매시간 오고가는 학생들이 피곤한 몸으로 학원 문을 들락거리며 만드는 깜빡거림이었다.

석준의 집 거실에서는 석준의 상기된 얼굴과 엄마 아빠의 흐뭇한 미소가 오랫동안 번지는 저녁이었다.

글을 마치며...부자어린이는 부모 따라 간다

사람의 인생에서 꼭 필요한 두 가지를 고르라면 나는 친구와 돈을 꼽겠다.

사람은 태어나는 순간 부모와 자식의 관계를 갖게 되며, 점차 자라면서 형제자매가 생기기도 한다. 시간이 흘러 학교에 다니며 친구가 생기고, 어른이 되어 사회에 나오면 동료와 상사들과 관계를 맺으며 살아가게 된다.

부모의 울타리 안에서 보호를 받는 동안 아이들은 필요한 것을 공급받는다. 먹을 것, 입을 것, 배울 것 등. 아이들에게 필요한, 그 무엇보다 가장 중요한 배움은 결국, 어른이 되어 당당한 사회구성원으로 살아가는 방법일 것이다.

그러나 그 어느 때부터인가 우리 아이들의 교육은 오로지 '대학수학능력시험'에 초점이 맞춰져 있다. 어려서부터 다른 학생들과 경쟁해야만 하는 상황에서 아이들은 친구들과 '함께'가 아닌 '나 홀로' 성공에 도달해야 하는 상황에 내몰리고 있다.

그러다 보니 아이들은 다른 이들과의 협력과 배려라는, 정작 사회구성원으로서 필요한 덕목에 소홀하게 되었다. 각종 시험에서 남들보다 1점이라도 더 받는 것이 마치 인생의 목표가 되어버린 듯하다.

미국의 유명 대학교들 가운데에는 한국 특정 학교 졸업생은 입학지원서를 받지 않겠다는 말도 나온다고 한다. 오직 점수만을 위한 이기적인 면모를 알아본 탓이다. '경쟁 심화 구도가 불러온 망신'이라고 말할 수 있다.

이런 현상은 '공부=경제력=돈(수입)'이라는 공식을 가지고 있는 부모들이 자초한 결과이다. 대학입시를 장차 경제적으로 넉넉하게 살아가기 위한 기반으로 여기는 잘못된 풍조이다.

'어른이 되어 경제적으로 넉넉하게 살려면 좋은 직장, 좋은 직업을 가져야 하고, 그러려면 공부를 열심히 해서 좋은 대학에 들어가야 한다'는 부모들의 정형화된 강박관념이 빚어낸 또 하나의 촌극이 아닐 수 없다.

그러나 최근 부모들의 생각은 바뀌었다. '공부=경제력=수입'이란 구도가 내 뜻대로, 계획대로 되는 것만은 아니란 점을 깨닫게 된 것이다. 한국으로 돌아오는 외국 대학의 석사, 박사가 급증해도 이들을 받아줄 회사가 부족한 실정이고, 외국의 회사에 취

업하자니 외국이라고 형편이 나은 것도 아닌데다가 꿈과 다르게 드러나는 공포의 현실을 보게 된 이유가 가장 크다.

결국, 점수가 인생의 경제적 여유까지 보장하진 않는다는 생각이 점차 부모들 사이에서 공감대를 형성하게 되었다.

최근에는 아이들에게 경제교육을 시키는 부모들이 늘어나고 있다. 어려서부터 경제를 알고 공부해야 한다는 인식이 퍼지고 있는 것이다.

이 책 『우리 아이 돈교육』을 통해 어린 시절 꼭 필요한 경제 지식을 알려줄 수 있기를 바란다. 시험공부에 치중하던 아이들에게 '돈 관리법'을 가르쳐줄 수 있기를 바란다.

아이들이 일찍 경제적으로 독립을 이루는 법을 터득하게 되기를 바란다. 좀더 멀리 자신의 미래를 보고 삶을 설계할 수 있기를 바란다.

본 도서에 수록된 내용은 신빙성이 전혀 없는 자료 및 정보를 바탕으로 얻어진 것은 아니나 금융투자 또는 디지털 자산투자 등 모든 투자는 투기적 수요 및 국내/외 규제환경 변화 등에 따라 급격한 시세변동에 노출될 수 있어서 그 정확성이나 완전성을 보장할 수는 없습니다. 또한 모든 종류의 투자에 대한 판단 책임은 투자자에게 있으며 발생하는 손실도 투자자 본인에게 귀속되므로 최종 투자 결정은 투자자 자신의 판단과 책임하에 하셔야만 합니다.
따라서, 본 도서에 수록된 내용은 필자의 현장취재 또는 개인적 경험을 바탕으로 구성되었고 어떠한 경우에도 투자 결과에 대한 법적 책임 소재의 증빙자료로 사용될 수 없습니다.

처음부터 제대로 시작하는 우리 아이 돈교육

2023년 3월 2일 1판 1쇄 발행

지은이 한남동
펴낸이 조금현
펴낸곳 도서출판 산지
전화 02-6954-1272
팩스 0504-134-1294
이메일 sanjibook@hanmail.net
등록번호 제309-251002018000148호

ISBN 979-11-91714-33-3 03320